KB178995

코페르니쿠스가 들려주는 지동설 이야기

코페르니쿠스가 들려주는 지동설 이야기

초 판 1쇄 발행일 | 2005년 8월 29일
개정판 1쇄 발행일 | 2010년 9월 1일
개정판 12쇄 발행일 | 2021년 5월 31일

지은이 | 곽영직
펴낸이 | 정은영
펴낸곳 | (주)자음과모음

출판등록 | 2001년 11월 28일 제2001-000259호
주 소 | 04047 서울시 마포구 양화로6길 49
전 화 | 편집부 (02)324-2347, 경영지원부 (02)325-6047
팩 스 | 편집부 (02)324-2348, 경영지원부 (02)2648-1311
e-mail | jamoteen@jamobook.com

ISBN 978-89-544-2045-7 (44400)

코페르니쿠스가
들려주는

지동설 이야기

| 곽영직 지음 |

(주)자음과모음

| 책머리에 |

코페르니쿠스를 꿈꾸는 청소년들을 위한 '지동설' 이야기

인류가 지동설을 받아들이는 데는 2000년이나 되는 오랜 세월이 걸렸습니다. 인류가 지동설을 받아들이는 과정에서 코페르니쿠스는 가장 중요한 구실을 했습니다. 하지만 코페르니쿠스 혼자만 지동설을 주장했던 것도 아니고, 사람들이 지동설을 받아들이도록 설득한 것도 아닙니다.

지동설과 천동설이 오랜 세월에 걸쳐 경쟁을 하다가 사람들이 결국 지동설을 받아들이는 과정은 과학이 발전해 가는 전형적인 모습을 가장 잘 보여 줍니다.

지동설을 받아들이게 하는 데 가장 중요한 구실을 했던 코페르니쿠스의 수업을 통해 오랜 세월 동안 벌여 왔던 지동설과 천동설의 경쟁에 대해 알아보고 과학의 발전 과정에서 지동설이 등장하는 사건이 어떤 의미를 가지는지 다시 생각해 보자는 것이 이 책의 의도입니다.

특히 코페르니쿠스와 갈릴레이, 그리고 케플러의 지동설에 대한 공헌과 구실을 이해하는 것은 근대 과학의 탄생 과정을 이해하고, 이를 통해 근대 과학의 기초를 이루는 뉴턴 역학을 이해하는 매우 중요한 요소가 됩니다. 뉴턴 역학은 뉴턴의 운동 법칙을 토대로 완성된 역학으로 고전 물리학의 기초를 이루는 학문입니다.

이 책을 통해 코페르니쿠스가 겪었던 고민과 기쁨을 함께 느낄 수 있기를 바랍니다. 아울러 우리가 가지고 있는 편견의 벽이 얼마나 두껍고 높은지, 그리고 과학의 발전이 그런 벽을 깨고 얼마나 어렵게 이루어지는지를 조금이라도 실감할 수 있었으면 좋겠습니다.

곽 영 직

차례

부록

첫 번째 수업 1

천문학자가 된 참사회 의원

코페르니쿠스의 직업은 가톨릭 참사회 의원이었습니다.
신학을 공부한 그가 어떻게 천문학자가 되었는지 알아봅시다.

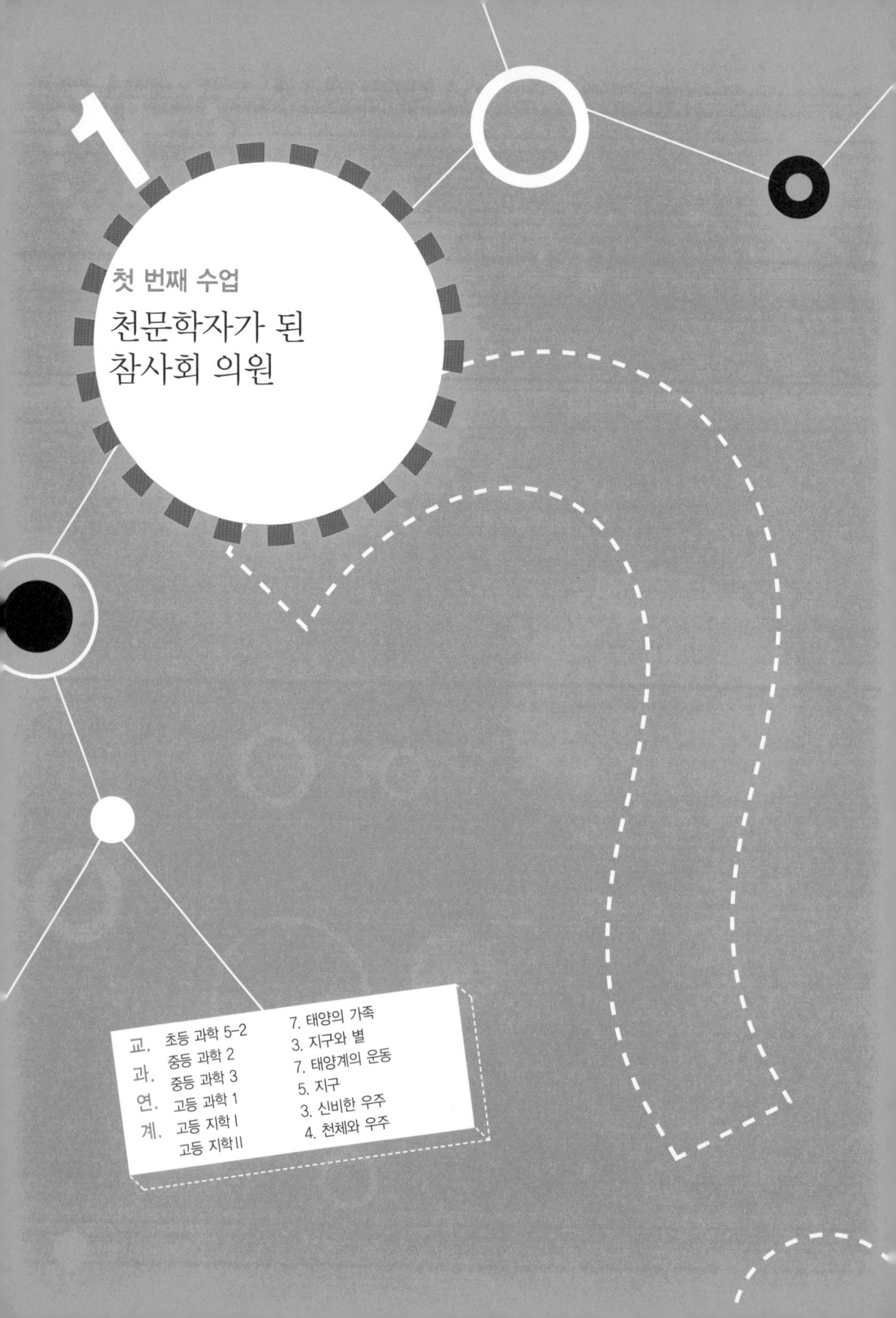

1

첫 번째 수업

천문학자가 된 참사회 의원

교.	초등 과학 5-2	7. 태양의 가족
과.	중등 과학 2	3. 지구와 별
연.	중등 과학 3	7. 태양계의 운동
계.	고등 과학 1	5. 지구
	고등 지학 I	3. 신비한 우주
	고등 지학 II	4. 천체와 우주

코페르니쿠스는 자신을 소개하며 첫 번째 수업을 시작했다.

참사회 의원, 코페르니쿠스

대부분의 사람들은 나를 과학자라고 생각하고 있어요. 그러나 나의 직업은 과학자가 아니라 가톨릭 참사회 의원이었어요. 참사회 의원은 나에게는 무척 중요한 직책이었지요. 내가 일생을 종사했고 생활을 유지하게 해 준 직업이었기 때문이죠. 반면에 천문학은 나의 취미 생활이었다고 할 수 있지요.

나는 천문학을 가르치거나 그에 대한 연구로 월급을 받은

적이 없어요. 그런데 450년이 지난 현대에 와 보니까 모두 나를 천문학자라고만 알고 있더라고요. 취미 생활이 본업보다 나를 훨씬 유명하게 만든 것이지요.

내가 처음으로 제안했던 지동설도 이제는 모든 사람들의 상식이 되어 버렸더군요. 하지만 내가 살던 시대에는 지동설에 대해서 아는 사람이 거의 없었어요. 나와 가까웠던 친구들도 모든 행성들이 태양을 중심으로 돌고 있다는 지동설을 그다지 심각하게 생각하지 않았어요.

지동설이 그럴듯하다고 생각했던 몇몇 친구들도 실제로 지구가 태양을 중심으로 빠르게 달리고 있다는 사실을 믿으려고 하지는 않았어요. 그러나 현대에는 모든 학교에서 나의 지동설을 가르치고 있고, 모든 사람들이 내 생각이 옳았다는

것을 알고 있더군요. 진리는 결국 밝혀지게 된다는 말이 이런 경우를 두고 하는 말인 것 같아요. 어쩌면 내가 너무 시대에 앞선 생각을 했기 때문이었는지도 모르지요. 시대를 앞서가는 천재는 항상 외로운 법이잖아요.

본격적으로 지동설 이야기를 하기 전에 내가 어떻게 천문학을 공부하게 되었는지에 대해 이야기해 볼까요?

나는 1473년 2월 19일 폴란드의 토룬이라는 도시에서 태어났어요. 상업에 종사하던 나의 아버지는 내가 10세 때 돌아가셨고, 그 후 나는 바르미아 성당의 주교였던 외삼촌인 루카스 바첸로데의 보살핌을 받으면서 자랐어요.

외삼촌은 내가 18세가 되었을 때, 나를 크라코프 대학에 입학시켰어요. 크라코프 대학은 폴란드에서 최초로 설립된 대학으로 역사와 전통이 있던 학교였어요. 거기서 나는 신학 공부를 했어요. 신학 과정 중에는 철학 과목도 들어 있었는데, 철학 시간에는 수학이나 천문학에 대한 강의도 했지요.

나는 아직도 우리에게 수학과 천문학을 강의해 주셨던 불체프스키 교수님이 생각나요. 사실 나는 불체프스키 교수님으로부터 처음으로 우주에 대해서 많은 것을 배우게 되었고, 이로써 천문학에 관심을 가지게 되었거든요.

수학과 천문학, 법학, 의학을 공부한 코페르니쿠스

외삼촌은 내가 프라우엔부르크 성당의 참사회 의원이 되기를 바랐어요. 그러면 내가 경제적인 걱정 없이 하고 싶은 일을 할 수 있을 거라고 생각하신 거죠. 참사회 의원은 요즘으로 말하면 성당이나 교구의 운영을 담당하는 사목 위원이라고 할 수 있지요.

그래서 1494년에는 크라코프 대학을 떠나 프라우엔부르크로 돌아왔어요. 하지만 참사회 의원 자리가 나기를 기다리는 동안 외삼촌은 나를 이탈리아의 볼로냐 대학에 보내 공부하도록 했어요.

당시 세계 문화의 중심이었던 이탈리아에 가서 여러 가지 공부를 할 수 있었던 것은 내게 참으로 다행스런 일이었어요. 볼로냐 대학에 머무는 3년 반 동안 나는 그리스 어, 수학, 천문학 등 여러 가지 과목들을 공부했어요. 이런 과목들을 공부하면서도 시간이 나는 대로 천체 관측을 계속했어요.

볼로냐 대학 시절에 했던 천체 관측 중에서 좋은 성과를 얻었던 것은 1497년 3월 9일에 있었던 알데바란의 식 현상을 관측한 것일 거예요. 알데바란은 겨울철 별자리인 황소자리에서 가장 밝은 별이에요. 나는 알데바란이 달에 의해 가려

과학자의 비밀노트

식(eclipse)

어떤 천체가 다른 천체의 그늘에 들어가거나 뒤로 가려지는 현상을 말한다. 지구가 달과 태양 사이에 위치할 때를 '월식'이라 하며, 달이 태양을 가릴 때를 '일식'이라 한다. 달이 그 뒤에 있는 항성 혹은 행성을 가리는 때를 '성식'이라 한다. 특히 일식과 월식은 고대에 많은 신화와 전설을 남기기도 하였다.

졌다가 나타나는 현상을 관측하였지요. 천문학적으로 대단한 관측이라고 할 수는 없었지만 내가 열심히 천체 관측을 했다는 것을 잘 보여 주는 예이지요.

그해에 나는 외삼촌이 원했던 대로 프라우엔부르크 성당의 참사회 의원으로 선출되었어요. 내가 선출될 수 있었던 것은 외삼촌의 영향력 때문이었다고 수군거리는 사람들도

있었지요.

1501년에는 공부를 계속하기 위해 다시 이탈리아로 갔어요. 이때는 볼로냐 대학이 아니라 파도바 대학으로 갔어요. 파도바 대학에서는 법학과 의학을 공부했어요. 참사회 의원으로 일하기 위해서는 교회법을 잘 알아야 하고, 다른 사람들을 보살피기 위해서는 의학도 필요할 것이라고 생각했기 때문이었어요.

천문학에 관심이 많았던 교회

여러분은 지금 나처럼 여러 분야를 공부할 수 없을 거예요. 학문이 발달하고 복잡해진 현대에서는 한 가지 과목만을 공부하기에도 벅찰 테니까요. 그러나 내가 살던 시대는 대부분의 사람들이 여러 가지 과목을 공부했어요. 당시에 지금처럼 학문이 발달하고 분화되었다면 신학, 법학, 의학을 공부하던 내가 천문학까지 공부하는 것은 생각도 못했겠지요.

참사회 의원으로서 나에게 주어진 일이 많지는 않았지만 아주 없었던 것은 아니에요. 1509년에는 외삼촌을 위해 비잔틴 시대 시인의 시를 라틴 어로 번역하여 출판하기도 했고,

폴란드 주 정부의 통화 개혁에 관한 정책을 수립하는 일을 돕기도 했어요. 하지만 이런 일들은 매일매일 해야 하는 일이 아니었어요. 그래서 나는 좋아하는 천문학을 틈틈이 공부할 수 있었지요.

내가 천문학을 공부하게 된 데에는 천문학에 관심이 많았고, 천문학을 공부할 수 있는 시간이 많았기 때문이기도 하지만 교회에서 천문학 공부를 권장한 이유도 있었어요. 천체 관측을 통해 교회의 각종 기념일을 정확하게 정해야 한다고 주장하는 사람들이 많아졌기 때문이었지요.

하늘의 별자리를 자세히 관측하면 별자리들이 매일 조금씩 늦게 떠오르는 것을 알 수 있어요. 그래서 1년이 지나면 같은 시각에 같은 별자리가 떠오르지요. 그러니까 1년은 별자리가 제자리에 돌아오는 시간이에요. 물론 1년은 지구가 태양을 1바퀴 도는 시간이기도 하지요.

태양이 떠오르는 시각부터 다음 날 다시 떠오를 때까지를 하루라고 한다는 것은 누구나 다 알고 있을 거예요. 그런데 문제는 1년과 하루 길이가 정수 배를 이루지 않는다는 것이었어요.

그래서 윤날을 넣어 어떤 해는 365일로 하고, 어떤 해는 366일로 하여 가능하면 이 차이를 작게 하려고 노력했어요.

하지만 적당히 윤날을 넣는 것으로는 이 문제가 쉽게 해결되지 않아요.

내가 대학에 다니던 1400년대에는 율리우스력이라는 달력을 사용하고 있었지요. 율리우스력은 기원전 46년에 로마의 통치자 카이사르가 처음 만든 달력이었어요. 이 달력에서는 1년을 365.25일로 정했기 때문에, 1년을 365일로 하고 4년에 한 번씩 1년을 366일로 했어요.

하지만 실제 태양이 다시 같은 별자리에 오는 데 걸리는 시간은 365.24219879일이에요. 율리우스력에서는 1년의 길이를 실제보다 조금 길게 정했던 것이지요. 따라서 이 달력을 사용하면 128년 후에는 실제와 하루 정도 차이가 나게 됩니

다. 이런 달력을 1400년 이상 사용하다 보니까 달력의 날짜와 별자리가 10일 이상 차이가 나게 되었지요.

춘분은 낮과 밤의 길이가 같은 날이에요. 처음에 율리우스력을 만들 때는 3월 21일이 춘분이었어요. 1400년이 지난 후에도 교회에서는 3월 21일을 춘분이라고 가르쳤어요. 하지만 실제로 낮과 밤의 길이가 같아지는 날은 3월 31일이 되었지요.

교회에서는 이것을 심각한 문제라고 생각했어요. 잘못된 달력을 가지고 엉뚱한 날에 기념 행사를 하면 교회의 권위가 서지 않는다고 생각한 것이지요. 그래서 교회에서는 새로운 달력을 만들기 위해 천문학에 관심을 가지게 되었고, 신학에서도 천문학을 가르치게 되었지요.

달력의 개정을 위해 천문학에 관심을 가지던 교회

1514년, 교회에서는 새로운 달력을 만들기 위한 종교 회의를 열었고, 나도 이곳에 참석해 달라는 요청을 받았어요. 그때 이미 나는 천체 관측 분야에서 어느 정도 인정받고 있었거든요.

하지만 그때 새로운 달력을 만드는 일보다는 지동설이냐 천동설이냐의 문제를 더 심각하게 고민하고 있었기 때문에 회의에 참석하지 않았어요.

수많은 회의와 토론을 거쳐 새로운 달력이 만들어진 것은 내가 죽은 후 거의 40년이나 지난 1582년의 일이었어요. 달력을 새로 만든다는 것이 얼마나 어려운 일인지 알 만하지요?

이 달력에서는 날짜와 별자리를 맞추기 위해 1582년 10월 4일 다음 날을 10월 15일로 정했어요. 그러니까 1582년 10월 5일부터 14일까지 10일은 역사에 존재하지 않는 날이 되었지요. 이 새로운 달력이 요즈음 우리가 사용하고 있는 달력인데, 당시의 교황이었던 그레고리우스 13세의 이름을 따서 그레고리력이라고 부른답니다.

내가 천문학을 연구하게 된 데에는 교회의 영향이 컸지만, 나는 달력을 고치는 문제에는 별 관심이 없었어요. 그보다는 천체들이 어떻게 움직이고 있는지, 그런 움직임을 통해 일식이나 월식과 같은 천문 현상이 어떻게 일어나는지를 정확하게 이해하고 싶었지요.

그래서 프톨레마이오스의 천문 체계를 열심히 공부했어요. 프톨레마이오스의 천문 체계는 정지해 있는 지구 주위를 모든 천체들이 돌고 있다는 천동설 체계였어요. 크라코프 대학에서 불체프스키 교수님이 내게 가르쳐 주신 것도 바로 프톨레마이오스의 천동설이었고, 볼로냐 대학과 파도바 대학에서 배운 것도 프톨레마이오스의 천동설이었어요.

하지만 프톨레마이오스의 천동설은 배우면 배울수록 마음에 들지 않는 부분이 많았어요. 그래서 나는 행성들의 운동을 좀 더 잘 설명할 수 있는 새로운 체계를 만들어 보기로 마음먹게 되었지요. 그래서 만든 것이 지동설이에요.

지금부터 여러분에게 해 줄 이야기도 내가 만들었던 지동설에 관한 이야기입니다. 하지만 나의 지동설을 제대로 이해하기 위해서는 먼저 프톨레마이오스의 천동설이 어떤 것인지 알아야 해요. 강력한 라이벌이었던 천동설을 제대로 이해하지 않고서는 지동설을 이해할 수 없거든요.

또한 프톨레마이오스의 천동설을 이해하기 위해서는 고대 천문학으로부터 천동설이 만들어지는 과정을 잘 이해해야 합니다. 따라서 나의 지동설 이야기를 제대로 하려면 고대에 천문학이 생겨날 때의 이야기부터 시작해야 하겠군요.

오늘은 내가 어떤 사람인지 그리고 어떻게 천문학에 관심을 가지게 되었는지를 설명하는 데 시간을 모두 소비한 셈이로군요.

내가 어떤 사람이었는지를 아는 것은 나의 이론, 즉 지동설을 이해하는 데 도움이 될 테니까 시간 낭비라고 생각할 필요는 없을 거예요.

내 이야기가 지루했다면 그건 아마 내 직업이 참사회 의원이었기 때문일 거예요. 목사나 신부의 설교는 조금 지루하잖아요. 신부들과 항상 같이 생활하는 참사회 의원의 이야기도 지루해질 수밖에 없어요.

사람들은 내가 쓴 글에 대해서도 불만이 많았어요. 문장이 너무 진부하고 딱딱해서 읽기 힘들다는 것이었지요. 그래서 글 쓰는 스타일을 고치려고 애를 써 보기도 했지만 쉽지 않더라고요. 그것 역시 항상 엄숙하고 딱딱한 분위기를 가진 교회에서 생활한 나의 직업 때문일 거예요.

후세의 분석가들은 내가 쓴 《천체의 회전에 관하여》라는 책이 널리 읽히지 않은 이유를 신통치 못한 글 솜씨 때문이라고 분석하기도 하더라고요. 하지만 이제 본격적인 이야기가 시작되면 조금은 달라질 거예요. 과학 이야기는 언제나 신나거든요. 무엇보다 천문학 이야기를 하다 보면 나같이 딱딱한 사람도 신나게 이야기를 풀어 갈 거예요. 그러니 다음 수업을 기대해도 좋겠지요?

만화로 본문 읽기

선생님은 어떻게 천문학자가 되셨나요?
나는 원래 대학에서는 신학 공부를 했고 그 후 가톨릭 교회의 참사회 의원이었답니다.

천문학이 아니라 신학을 공부하셨다고요?
네. 그런데 신학을 공부하면서 철학, 수학, 천문학에 대한 강의도 들을 수 있어서 천문학에 관심을 가지게 되었지요.
목성
달
금성
태양
수성

천문학을 공부하게 된 데에 다른 이유는 없으셨나요?
내가 천문학에 관심이 많았기 때문이기도 하지만, 한편으론 교회에서 천문학을 배울 것을 권장했기 때문이기도 해요.
참사회 의원들은 모두 천문학을 배우도록 하시오!

교회에서 천문학을 권장한 이유는 무엇인가요?
새로운 달력을 만들기 위해서였지요. 당시의 율리우스력은 오래 사용하다 보니 달력 날짜와 별자리가 10일 이상 차이가 나게 되었죠.
율리우스력
별자리와 날짜가 10일 이상 차이가 나네.

아~, 그래서 새로운 달력을 만들려고 한 것이군요.
네. 잘못된 달력 때문에 교회의 권위가 서지 않는다고 생각했죠. 하지만 난 달력보다는 지동설이냐, 천동설이냐가 더 고민거리였죠.
천동설? 지동설?
새로운 달력을 만듭니다.

당시에는 모두 천동설을 믿고 있었는데, 공부를 하다 보니 이상한 부분이 많아 새로운 체계를 만들기로 한 거예요.
그래서 선생님의 지동설 이론이 나온 거군요?
천동설!
천동설!
지동설!
수성
태양
지구
달

두 번째 수업 2

신화에서 과학으로

고대 그리스 인들은 신화를 대신해서 우주와 자연 현상을 설명할 생각을 하게 됩니다. 이것이 과학 발전에 어떠한 영향을 끼쳤는지 알아봅시다.

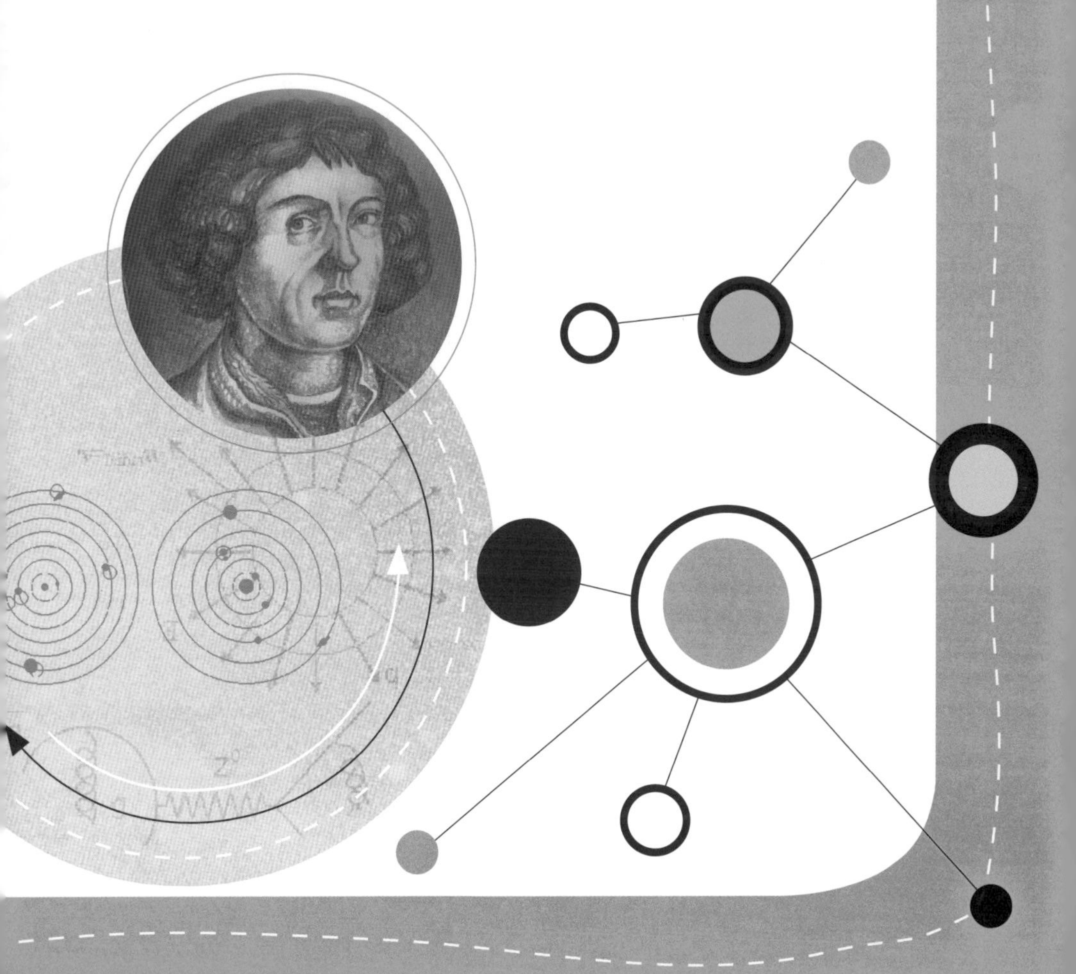

2

두 번째 수업

신화에서 과학으로

교과연계		
교.	초등 과학 3-2	4. 빛과 그림자
과.	초등 과학 5-2	7. 태양의 가족
연.	중등 과학 2	3. 지구와 별
계.	고등 과학 1	5. 지구
	고등 지학 I	3. 신비한 우주
	고등 지학 II	4. 천체와 우주

코페르니쿠스가 창조 신화에 대한 이야기로 두 번째 수업을 시작했다.

신화 대신 우주와 자연 현상 자체를 설명

대부분의 민족은 창조 신화를 가지고 있어요. 창조 신화는 세상이 맨 처음에 어떻게 만들어졌는지, 사람이 어떻게 생겨나기 시작했는지를 설명하고 있어요. 때로는 그 민족이 어떻게 시작되었는지를 설명해 주기도 합니다.

단군 신화는 한국 민족이 어떻게 시작되었는지를 설명하는 신화예요. 또 로마에는 로마 신화가 있고, 그리스에는 그리스 신화가 있으며, 일본에는 일본 나름의 창조 신화가 있어요.

민족마다 가지고 있는 신화의 내용은 다르지만 신화 속에는 항상 인간과는 비교할 수 없이 뛰어난 능력을 가진 절대자가 등장합니다. 절대자는 땅과 하늘을 만들기도 하고, 식물과 동물, 심지어는 사람도 만들지요.

신화의 역사는 아주 오래되었기 때문에 언제, 어디서, 누가 만들어 냈는지는 알 수 없어요. 하지만 사람들은 오랫동안 이런 이야기를 사실로 믿고 신화에 따라 축제를 벌이기도 하고 제사를 지내기도 했지요. 그러니까 신화는 인간과 자연 그리고 신들의 세계를 이어 주는 다리였던 셈이에요.

그러나 문명이 발달하면서 이런 신화에 만족하지 못하는 사람들이 생겨나기 시작했어요. 사람들은 자연에서 일어나는 여러 가지 현상들이 신 때문에 일어난다는 것을 점점 믿지 않게 되었지요.

따라서 사람들은 자연에서 일어나는 여러 가지 일들의 원인을 신이 아니라 자연 자체에서 찾기 시작했어요. 예를 들어, 지진이 일어나 많은 사람이 죽거나 다치면 신이 노해서 지진이 일어나게 됐다고 믿는 대신, 지진이 왜 일어나게 되었는지를 과학적으로 분석하기 시작한 것이지요.

아마 그런 사람은 동양에도, 서양에도 있었을 거예요. 하지만 그런 진보적인 생각이 후세에 전해져서 과학으로 발전하는 데 크게 기여한 사람들은 고대 그리스 인이었어요.

그리스는 큰 나라가 아니지만 인류 역사 발전에 끼친 영향력은 대단하지요. 이렇게 작은 나라가 큰 영향을 끼쳤다는 것이 신기할 정도예요.

고대 그리스 인들은 신화를 대신해서 우주와 자연 현상을 설명할 수 있는 많은 생각들을 내놓았어요. 그들은 지구는 물 위에 떠 있는 원반이라고 주장하기도 했고, 지진은 이 원반이 흔들리기 때문에 일어난다고 주장하기도 했어요. 그리고 하늘에는 큰 불덩이가 있는데, 하늘이 그 불덩이를 감싸고 있어서 우리는 그 불을 볼 수 없다고 생각하기도 했지요. 태양이나 달 그리고 별은 하늘에 뚫린 구멍이라고도 했어요. 그러니까 우리는 이 구멍을 통해 하늘의 불을 볼 수 있다는

거였지요. 어때요, 그럴듯하게 들리나요?

그렇지 않을 거예요. 이 사람들의 주장은 신이 세상을 만들었다는 신화보다 별로 나아 보이지 않는 황당한 이야기들이에요. 하지만 이 사람들의 이야기는 신화와 크게 다른 면이 있어요.

신화는 반박하거나 수정할 수가 없어요. 모든 사람들이 믿고 있는 신화는 그대로 받아들이지 않으면 이단자로 몰리게 되고, 큰 처벌을 받거나 사회에서 쫓겨나지요.

하지만 고대 그리스 인들의 주장은 신화가 아니었어요. 따라서 누구든지 새로운 생각을 제안할 수 있었고, 다른 사람의 생각을 비판하거나 반박할 수 있었어요. 이것은 과학의 가장 큰 특징이에요. 물론 무작정 반박해서는 안 되겠지요. 다른 사람의 생각을 반박하기 위해서는 그럴 만한 이유를 제시해야 합니다.

우리가 보기에는 말도 되지 않아 보이는 고대 그리스 인들의 주장이 과학의 시초라고 할 수 있는 이유는 이 때문이에요.

고대 그리스에는 많은 철학자들과 과학자들이 등장했는데 그중에서 가장 재미있는 주장을 했던 사람은 피타고라스(Pythagoras, B.C.582?~B.C.497?)였어요. 요즈음은 중학교에서 피타고라스의 정리를 배운다고 들었어요. 직각삼각형에서 빗변의 제곱은 다른 두 변의 제곱의 합과 같다는 것이 피타고라스의 정리예요.

그런데 피타고라스는 학자라기보다 종교 집단의 우두머리였다고 하는 것이 정확할 수도 있어요. 피타고라스를 교주로 했던 이 종교 집단은 '수'를 믿었다고 합니다. 그들은 자연이 수를 기초로 만들어졌다고 생각하고 자연 현상 뒤에 숨어 있는 수의 원리를 찾아내는 것이 자연을 이해하는 길이라고 믿었다고 해요.

또한 피타고라스가 수와 소리의 관계를 밝혀내기 위해 악기를 가지고 했던 실험은 잘 알려져 있어요. 그가 살던 고대 그리스에도 거문고 같은 현악기가 있었어요. 피타고라스는

이 악기에서 줄을 하나만 남기고 모두 잘라 낸 다음, 한 줄을 가지고 여러 가지 소리를 내 보았어요. 그랬더니 줄의 길이가 반으로 줄어들면 처음보다 한 옥타브 높은 소리가 나온다는 것을 알게 되었지요.

그러니까 줄이 어떤 길이에서 아래 '도'의 소리를 낼 때, 이 줄의 길이를 반으로 줄이면 위의 '도' 소리가 나온다는 것이지요. 그리고 두 줄의 길이가 정수 배를 이루면 듣기 좋은 화음이 나오지만, 두 줄의 길이가 정수 배가 되지 않으면 소음이 만들어진다는 것을 발견하기도 했어요. 여러 가지 소리에도 수의 원리가 숨어 있다는 것을 알게 된 것이지요.

피타고라스 학파의 이런 주장은 후세 사람들에게 많은 영향을 끼쳤어요. 사람들이 자연을 연구할 때 그 속에서 수의 원리나 식을 찾아내려고 하는 것은 피타고라스의 영향이라고 할 수 있어요. 즉, 이때부터 자연이나 천체 현상에 대한 연구에 수나 식이 사용되기 시작한 것이지요.

천체에 관한 연구

아테네에 아카데미아라는 학교를 세우고 제자들을 가르쳤던 플라톤(Plato, B.C.427~B.C.347)이나, 그의 제자 아리스토텔레스(Aristoteles, B.C.384~B.C.322)도 과학의 발전에 크게 공헌했던 사람들이에요. 플라톤이 세웠던 아카데미아에서는 기하학을 가장 중요한 과목으로 생각했는데, 이 학문은 천체 연구에 큰 도움이 되었어요.

기하학 덕분에 고대 그리스 인들은 천체에 관한 여러 가지 계산을 할 수 있게 되었어요. 그들은 지구, 달, 태양의 크기를 측정하고 지구에서 달, 지구에서 태양까지 거리의 비를 계산해 내기도 했어요. 그들은 2000년 전에 한 것이라고는 믿을 수 없을 정도로 놀라운 계산들을 많이 했어요. 그리고 이런 계산들은 천체들이 어떻게 움직이는지를 설명하는 기초 자료가 되었답니다.

기원전 5세기경 고대 그리스의 과학자 중에 아낙사고라스(Anaxagoras, B.C.500~B.C.428)라는 사람이 있었어요. 당시 대부분의 사람들이 태양은 신에 의해 움직인다고 믿고 있었고 태양을 신으로 섬기는 사람도 많았지만, 아낙사고라스는 태양은 흰색의 뜨거운 암석이라고 주장했어요. 그는 별들도 뜨거운 암석이지만 너무 멀리 있어 지구를 따뜻하게 할 수는

없다고 했지요. 태양과 달리 달은 차가운 암석이어서 스스로 빛을 낼 수 없고 태양의 빛을 받아서 반사만 할 뿐이라고 주장했어요.

아낙사고라스의 이런 주장은 신성 모독이라는 엄청난 죄목에 해당하는 것이었지요. 그래서 그의 반대파들은 아낙사고라스에게 이단이라는 죄를 씌워 멀리 외국으로 추방해 버렸어요.

그러나 200년 후인 기원전 3세기에 알렉산드리아 지방에 살았던 아리스타르코스(Aristarchos, B.C.310~B.C.230)는 아낙사고라스의 생각을 받아들여 재미있는 계산을 했어요. 그는 만약 달빛이 태양광을 받아 반사하는 것이라면 지구와 태양 그리고 달이 직각삼각형을 이룰 때 반달이 될 것이라고 생각을 했어요.

아리스타르코스는 반달일 때 지구와 달, 지구와 태양을 잇는 직선 사이의 각을 측정하여 거리의 비를 계산하려고 시도했어요.

아리스타르코스가 측정한 각도는 87°였어요. 피타고라스의 정리를 이용하면 지구에서 태양까지의 거리가 지구에서 달까지의 거리의 약 20배가 된다는 것을 알 수 있었어요. 현대적인 측정 방법을 사용하면 실제 두 직선 사이의 정확한 각도

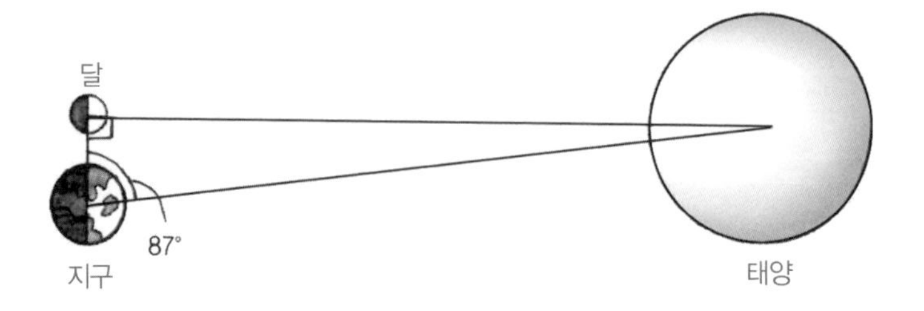

는 89.85°이고, 지구에서 태양까지의 거리는 달까지의 거리보다 400배나 되지요.

하지만 정확한 측정 장치를 가지고 있지 않던 아리스타르코스로서는 이 각도를 정확하게 측정하기 어려웠을 거예요. 그가 측정한 값은 정확하지 않았지만 아이디어 자체는 놀라운 것이었어요. 과학이 서서히 위력을 드러내기 시작했다고 할 수 있지요.

지구, 태양, 달의 크기와 거리

당시에는 이미 지구가 구형이라는 것과 지구의 지름은 달의 지름보다 4배 정도 크다는 것을 알고 있었어요. 그렇다면 먼저 지구가 구형이라는 것은 어떻게 알 수 있었을까요?

고대 그리스 인들은 해안에서 멀어지거나 다가오는 배들을 관찰할 수 있는 기회가 많았을 거예요. 배가 멀어질 때는 아랫부분부터 사라지기 시작하여 마지막으로 돛대가 사라지지요. 반대로 배가 해안을 향해 다가올 때는 돛대 끝부터 보이기 시작하여 차츰 배의 아랫부분까지 보이기 시작하잖아요. 바다가 구형이 아니라면 어떻게 이런 일이 일어나겠어요? 또한 바다가 구형이라면 육지도 구형일 것이라고 생각하는 것은 그리 어렵지 않았을 거예요.

지구가 구형이라는 더 직접적인 증거는 월식 때 달에 만들어지는 지구의 그림자 모양에 있어요. 달은 태양빛을 받아서 반사할 뿐이라는 아낙사고라스의 주장을 받아들이면, 월식은 달이 지구의 그림자 속으로 들어가 태양광을 받지 못하게

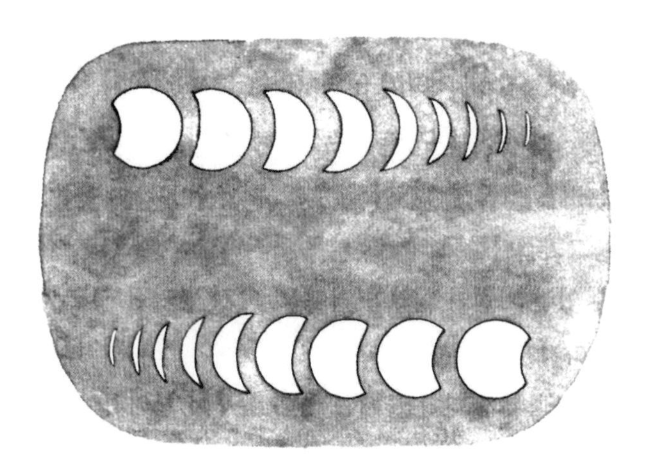

달에 비친 지구 그림자의 모습

되는 것이거든요. 따라서 달에 나타나는 검은 부분은 지구의 그림자여야 하지요. 즉, 이 그림자 모양이 선명한 원형으로 보이는 것은 지구가 구형이라는 가장 확실한 증거라고 할 수 있지요.

그렇다면 지구의 지름이 달의 지름의 4배 정도라는 것은 어떻게 알 수 있었을까요? 그것 역시 간단한 문제였어요.

전구를 이용하여 벽에 공의 그림자를 만들어 보세요. 그림자의 크기가 어떻게 보이나요? 공을 전구에 가까이 가져가면 그림자의 크기는 커져요. 하지만 벽에 가까이 가져가면 그림자의 크기는 작아지지요. 전구에서 나오는 빛은 넓게 퍼지는 성질이 있기 때문이지요. 따라서 이런 경우에는 그림자의 크기만 보고는 공의 크기를 알 수 없어요.

하지만 태양광을 이용하여 벽에다 공의 그림자를 만들면 전구와 달리 평행 광선이 나와서 공을 어디에 두어도 벽에 만들어지는 그림자의 크기는 같아요. 태양은 지구에서 멀리 있고 지구보다 훨씬 크기 때문에 태양의 빛은 평행 광선인 것이지요. 따라서 지구 그림자의 지름은 결국 지구의 지름이 되는 것이지요.

이제 월식 때 달이 지구의 그림자 속으로 들어갔다가 나오는 시간만 측정하면 지구와 달의 지름의 비를 알 수 있어요.

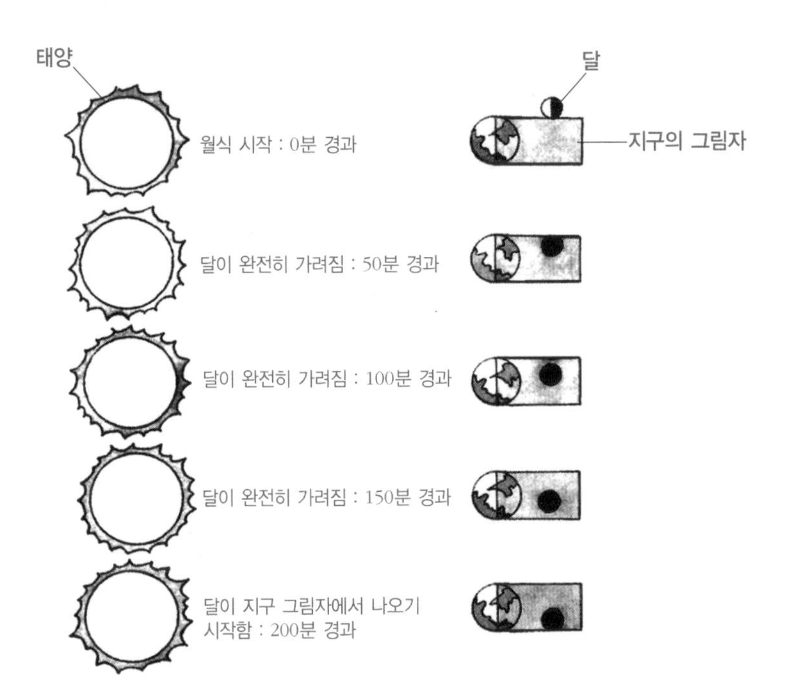

달이 지구의 그림자 속으로 들어가기 시작할 때부터 전체가 들어갈 때까지는 약 50분쯤 걸려요. 그것은 달이 달의 지름만큼 움직이는 데 50분이 걸렸다는 것을 뜻해요.

그런데 달이 지구의 그림자 속으로 들어가기 시작했을 때부터 반대편으로 나오기 시작할 때까지는 약 200분이 걸리는 것을 알 수 있어요. 이것은 달이 지구의 그림자의 지름만큼 움직이는 데 200분이 걸린다는 것을 뜻하지요.

고대 그리스 인들은 이런 관측을 통해 지구의 지름이 달의

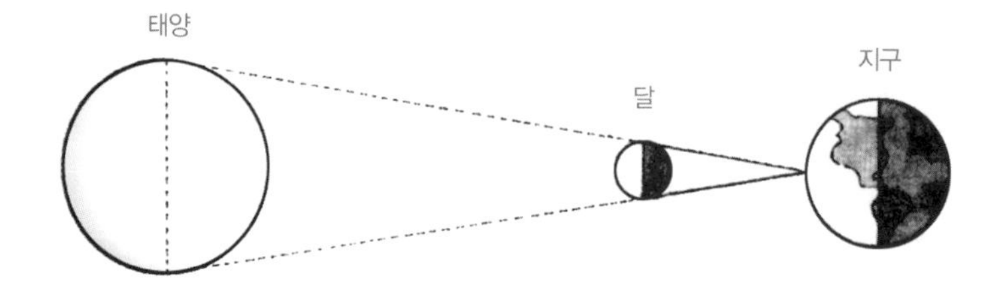

지름의 4배 정도가 된다는 것을 알아냈어요. 또한 아리스타르코스는 지구와 태양 사이의 거리는 지구와 달 사이의 거리의 20배 정도 된다는 것을 알아냈지요. 이제 과학자들은 지구와 달 그리고 태양에 대해서 아주 중요한 3가지 사실을 알게 된 것입니다. 과학적인 방법을 이용해서 말이지요.

그럼 고대 그리스 과학자들이 알아냈던 사실들을 정리해 볼까요?

- 달은 스스로 빛을 내지 않고 태양빛을 반사하고 있다. (아낙사고라스)
- 지구는 구형이다. (해안가에서 배의 관찰, 월식 때 지구의 그림자)
- 지구의 지름은 달의 지름의 4배이다. (월식 때 달이 지구의 그림자를 통과하는 시간을 측정)
- 반달일 때 지구와 달, 그리고 지구와 태양을 잇는 직선이 이루는 각을 측정하면, 지구에서 태양까지의 거리는 지구에서 달까지의 거리의 약 20배이다. (아리스타르코스)

• 달과 태양의 겉보기 크기는 같다. 따라서 태양의 지름은 달 지름의 약 20배이다. (아리스타르코스)

지금부터 2000년 전에 이미 이런 사실들을 모두 알아냈다는 것이 대단하지요? 하지만 여기에는 가장 중요한 사실이 빠져 있었어요.

그때까지 알아낸 사실들은 모두 비례 값이었어요. 지구의 지름은 달 지름의 4배, 그리고 태양은 달의 지름의 20배라는 식이지요. 지구에서 태양까지의 거리는 달까지 거리의 20배라는 주장도 마찬가지예요.

따라서 정확한 값을 알기 위해서는 지구나 달 또는 태양의 크기 중 하나를 정확하게 측정할 수 있어야 했어요. 하나의 크기만 정확하게 측정하면 나머지 값들은 그때까지 알아낸 비례식을 이용해서 쉽게 계산해 낼 수 있을 테니까요.

그 일을 해낸 사람은 바로 에라토스테네스랍니다. 에라토스테네스(Eratosthenes, B.C.273~B.C.192)는 지구의 크기를 정확히 측정하여 지구의 크기와 관련된 다른 값들을 결정할 수 있도록 했지요.

신들의 창조 이야기로 시작된 우주 이야기가 고대 그리스

에라토스테네스

시대를 거치는 동안 이렇게 과학으로 자리 잡게 되었어요. 그리고 이런 과학은 결국 지구를 중심으로 모든 천체가 돌고 있다는 천동설을 탄생시키게 되지요. 나는 그 천동설을 부정하고 태양을 중심으로 모든 천체가 돌고 있다는 지동설을 만든 사람이고요.

다음 시간에는 지구의 크기를 정확히 측정해 낸 에라토스테네스 이야기를 해 보겠습니다.

만화로 본문 읽기

언제부턴가 사람들은 자연 현상들이 신 때문에 일어난다는 것을 점점 믿지 않게 되었답니다.
예를 들면, 지진도 이전에는 신이 노해서 일어났다고 믿었는데 언제부턴가 지진의 원인을 과학적으로 분석하기 시작했단 말씀이시죠?

맞아요. 그런 생각은 여러 곳에서 나타났지만, 후세에 전해져서 과학으로 발전하는 데 크게 기여한 사람들은 고대 그리스 인이었어요.
그리스는 인구도 많지 않고 영토도 그리 넓지 않은 나라잖아요.
우리가 과학을 발전시켰지!

그래도 인류 역사 발전에 끼친 영향력은 대단해요. 하지만 당시에는 신화만큼이나 황당한 이야기가 많았어요.
그렇다면 신화나 별반 다를 게 없는 것 아닌가요?
태양은 뜨거운 암석, 달은 차가운 암석이라고!
정말이요?

조금 달라요.
신화는 누구도 반박할 수 없지만, 그들의 주장은 비판하거나 반박할 수 있었지요.
신화 – 반박할 수 없다.
과학 – 비판이나 반박이 가능하다.
그래서 고대 그리스인의 주장이 과학의 시초라고 말할 수 있는 거군요.

· 지구는 구형이다.
· 지구의 지름은 달의 지름의 약 4배이다.
· 지구에서 태양까지의 거리는 지구에서 달까지의 거리의 약 20배이다.
그 후 고대 그리스의 과학자들은 관측과 측정을 통해 많은 사실들을 알아냈어요. 그런데 그때까지 알아낸 사실들은 모두 비례 값이었죠.

그러면 정확한 값을 알기 위해서는 어떻게 해야 하나요?
에라토스테네스
지구, 달, 태양 중 하나의 크기만 측정하면 나머지 값은 비례식을 이용해서 계산할 수 있어요. 후에 에라토스테네스가 그 일을 해냈답니다.

세 번째 수업 3

지구와 달 그리고 태양의 크기를 재다

에라토스테네스는 최초로 지구의 크기를 알아냈습니다.
고대 그리스 인들이 어떠한 과학적인 사고와 방법을 통해
지구와 달, 태양과 관계된 사실을 밝혀냈는지 알아봅시다.

3

세 번째 수업

지구와 달 그리고 태양의 크기를 재다

교과 연계	
초등 과학 5-2	7. 태양의 가족
초등 과학 6-2	4. 계절의 변화
중등 과학 2	3. 지구와 별
고등 과학 1	5. 지구
지구 과학 I	3. 신비한 우주
지구 과학 II	4. 천체와 우주

코페르니쿠스는 최초로 지구의
크기를 측정한 과학자를 소개하며
세 번째 수업을 시작했다.

최초로 지구의 크기를 측정한 에라토스테네스

과학적인 방법을 이용하여 최초로 지구의 크기를 측정한 에라토스테네스는 오늘날 리비아에 해당하는 키레네에서 기원전 276년에 태어났어요.

그는 생애의 대부분을 알렉산드리아에서 보냈다고 합니다. 어려서부터 유달리 영특했던 에라토스테네스가 뛰어난 학자들이 모두 모여들던 알렉산드리아에 가서 교육을 받고 그곳에서 생활하게 된 것은 당연한 일이었을 거예요.

에라토스테네스는 알렉산드리아 도서관에서 당시로서는 최고로 권위 있는 직책이었던 수석 사서로 여러 해를 보냈다고 합니다.

알렉산드리아 시대의 도서관은 단순히 책을 보관했다가 빌려 주는 장소가 아니었어요. 그 시대에 가장 존경받는 교육 기관으로서, 창의력이 뛰어난 학자들과 향학열에 불타던 학생들이 모여들어 교육하고 토론하던 활기찬 장소였지요. 따라서 당시의 사서는 가장 뛰어난 연구원이었고 선생님이었어요.

도서관에 수석 사서로 근무하는 동안 에라토스테네스는 여러 가지 재미있는 실험을 많이 했어요. 그중 하나가 지구의 둘레를 측정하는 것이었지요.

에라토스테네스의 지구 둘레 측정

오늘날 이집트 남부에 있는 아스완 지역에는 거대한 댐이 건설되어 있어요. 1968년에 완공된 아스완 댐은 나일 강의 홍수를 조절하고 이집트 전역에 필요한 물을 확보하기 위해 만든 세계에서 가장 큰 댐이에요. 따라서 아스완 지역은 세계적으로 유명한 지역이 되었지요. 에라토스테네스가 살던 시대에는 이 지역에 시에네라는 작은 도시가 있었어요. 시에네는 알렉산드리아에서 남쪽으로 800km 정도 떨어진 곳에 있는 도시였어요.

에라토스테네스는 시에네의 우물에서 아주 중요한 과학적 사실을 발견하게 되었어요. 하지인 매년 6월 21일에 시에네에서는 태양광이 우물 바닥까지 비춘다는 사실을 알게 된 것이지요. 이것은 시에네 지방에서는 하지에 태양이 바로 머리 위에 있다는 것을 뜻하지요. 그러나 이런 일은 시에네보다 북쪽에 있는 알렉산드리아에서는 절대 일어나지 않는 일이었어요. 이것은 참으로 대단한 발견이었어요.

에라토스테네스는 시에네와 알렉산드리아에 동시에 태양이 수직으로 비출 수 없는 것은 지구가 공처럼 생겼기 때문이라고 생각했어요. 따라서 이 사실을 이용하면 지구의 둘레를

과학자의 비밀노트

알렉산드리아에서는 절대 일어날 수 없는 일

지구의 자전축은 공전 궤도에 대하여 23.5° 기울어져 있기 때문에, 태양은 남위 23.5°(남회귀선)와 북위 23.5°(북회귀선) 사이를 왔다 갔다 한다.

따라서 북회귀선보다 북쪽에 있는 도시인 알렉산드리아에서는 태양이 땅에 수직이 되도록 비추는 일은 일어나지 않는다.

측정할 수 있을 것이라고 생각하게 되었지요.

에라토스테네스는 태양광이 시에네 우물의 바닥까지 비추는 시각에 알렉산드리아의 땅 위에 막대를 수직으로 꽂아 놓고 그림자의 각도를 측정하도록 했어요. 그 결과 그림자와 수직선을 이루는 각도가 7.2°라는 것을 알아냈어요. 이 각도는 지구 중심에서 시에네와 알렉산드리아에 그은 두 직선이

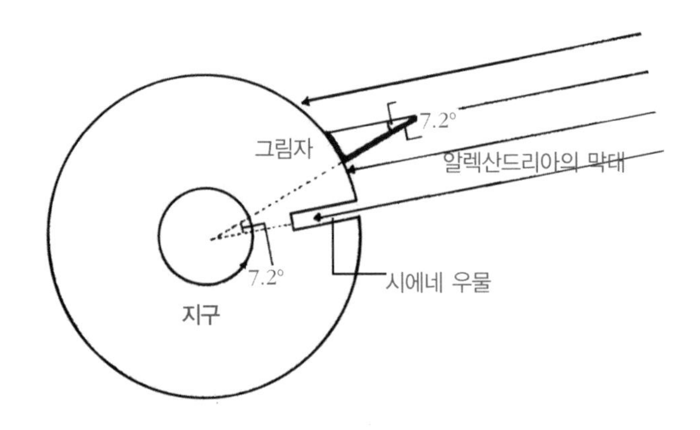

이루는 각과 같아요.

이제 지구의 둘레를 계산하기 위해 필요한 것은 간단한 계산뿐이에요.

지구가 공처럼 둥글게 생겼다면 한 지점에서 같은 방향으로 계속 갔을 때, 결국은 처음 지점으로 돌아오겠지요? 다시 말해 시에네를 출발해 똑바로 알렉산드리아까지 간 다음 계속해서 앞으로 가서 다시 시에네로 돌아오는 여행을 상상해 보자는 것이지요.

그것은 아주 먼 거리를 돌아온 것이지만 각도로 보면 360°를 돌아온 셈이에요. 그런데 에라토스테네스의 측정에 의하면 시에네에서 알렉산드리아까지 가면 360° 중 7.2°를 간 것이 되지요. 그렇다면 지구 둘레는 시에네에서 알렉산드리아까지 거리의 $\frac{360}{7.2}$배, 즉 50배 정도가 되겠군요. 따라서 시에네와 알렉산드리아 사이의 거리만 재면 지구 둘레를 알 수 있어요.

에라토스테네스는 사람들을 동원해서 두 도시 사이의 거리를 측정했어요. 당시의 기술로 800km나 되는 거리를 측정하는 일도 쉬운 것은 아니었을 거예요. 하지만 거리를 측정하는 데 필요한 자와 거리를 잴 사람만 있으면 가능한 일이었어요.

에라토스테네스는 이런 측정을 통해 두 도시 사이의 거리

가 5,000스타드라는 것을 알아냈어요. 지구 둘레는 이 거리의 50배이니까 25만 스타드라는 계산이 나왔지요. 이렇게 해서 최초로 지구의 크기가 과학적인 방법으로 결정됐어요.

그렇다면 이 값은 실제 지구의 크기에 얼마나 가까운 값이었을까요?

이 값이 우리가 알고 있는 지구의 둘레와 얼마나 비슷한지 알기 위해서는 1스타드가 얼마나 먼 거리를 나타내는지 알아야 해요. 하지만 불행하게도 우리는 1스타드가 나타내는 거리가 얼마인지 정확하게는 알지 못한답니다. 다만 여러 가지 기록을 통해 당시의 1스타드는 달리기 경주가 벌어지는 표준 거리를 나타낸다는 것을 알게 되었지요.

고대 그리스의 올림픽에서 1스타드는 185m였다고 합니

다. 이 값을 이용하면 지구의 둘레는 4만 6,250km가 됩니다. 이것은 현재 우리가 알고 있는 지구 둘레인 4만 100km보다 15% 정도 큰 값이에요.

하지만 에라토스테네스가 살았던 알렉산드리아에서는 1스타드가 이보다 짧은 거리를 나타냈다는 기록도 있어요. 이 기록에 의하면 이집트의 1스타드는 157m였다고 합니다. 이 값을 이용하면 에라토스테네스가 구한 지구의 둘레는 3만 9,250km가 되어 실제 값과 2%의 오차밖에 나지 않지요.

과학적인 방법으로 측정했던 지구, 태양, 달의 크기와 거리

하지만 에라토스테네스가 측정한 값이 얼마나 정확했느냐 하는 것은 그리 중요한 일이 아니에요. 중요한 것은 에라토스테네스가 과학적인 방법으로 지구의 둘레를 측정했다는 사실이지요.

당시의 기술로 측정에 오차가 생기는 것은 어쩔 수 없었을 거예요. 각도 측정에서도 오차가 발생할 수 있었을 것이고, 두 도시 간의 거리를 측정하는 데서도 오차는 발생했을 거예요.

긴 줄이나 막대를 가지고 몇 달에 걸쳐 800km나 되는 거리를 측정하는 사람들의 모습을 상상해 보세요. 800km면 2,000리나 되는 거리인데 오차가 생기지 않을 수 없었겠지요.

그리고 이 방법으로 정확한 값을 알기 위해서는 알렉산드리아가 시에네의 정북쪽에 위치해 있어야 하는데, 알렉산드리아는 시에네의 정북쪽에 위치해 있지 않기 때문에 여기서도 오차는 발생하게 되지요.

그림자의 각도를 측정하는 시각도 문제가 되겠지요. 시에네의 우물에 태양광이 바닥까지 비추는 바로 그 시각에 알렉산드리아에서 그림자의 각도를 측정해야 하는데, 멀리 떨어진 두 도시에서 같은 시각에 측정을 하기란 쉽지 않았을 거예요.

하지만 우물과 막대기, 자만 가지고 지구의 둘레를 측정했다는 사실은 놀라운 일이 아닐 수 없지요. 그것은 과학적 방법을 이용하면 놀라운 일을 해낼 수 있다는 것을 실제로 보여준 사건이라 할 수 있어요.

이렇게 해서 지구의 크기가 결정되자 달과 태양의 크기도 쉽게 결정할 수 있었어요. 다시 말해 에라토스테네스가 지구 둘레가 약 4만 km라는 것을 밝혀내자 지구의 지름은 대략 $\frac{40,000}{\pi}$km, 즉 1만 2,700km라는 것을 알 수 있게 되었어요. 따라서 달의 지름은 1만 2,700km의 $\frac{1}{4}$인 약 3,200km라는 사실도 알 수 있지요. 그렇다면 태양의 크기는 달의 크기의 약 20배라고 했으니까 태양의 지름은 약 6만 km가 되겠군요. 이 숫자들이 맞는 것은 아니지만, 나름대로 체계적인 분석이었던 것은 틀림없어요.

고대 그리스 인들이 과학적인 사고와 방법을 통해 지구와 달 그리고 태양과 관계된 사실을 하나하나 밝혀 나가는 과정이 놀랍고 재미있지 않나요? 하지만 그들의 과학적 분석은 여기에서 그치는 것이 아니었어요.

달의 크기를 알게 되자 달까지의 거리도 쉽게 측정할 수 있었어요. 달까지의 거리를 측정하는 데는 중학생이면 누구나 알고 있는 간단한 기하학 지식과 동전 하나만 있으면 되지요.

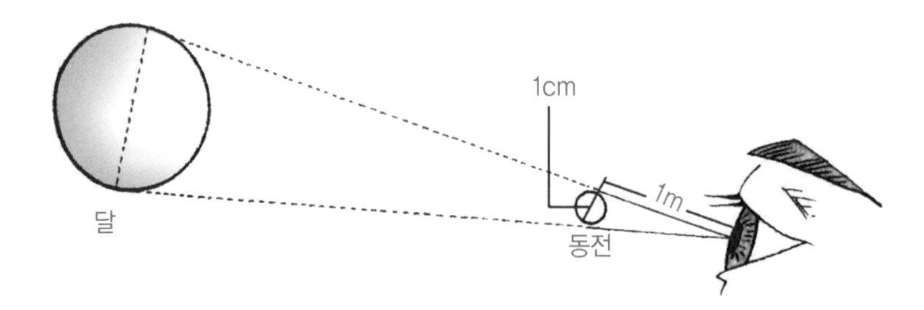

동전 하나로 달을 가려 보세요. 동전을 앞뒤로 움직여 동전이 정확히 달을 가리는 거리를 찾아내세요. 그리고 그때 눈과 동전 사이의 거리를 측정하고 동전의 지름도 측정하세요.

따라서 달까지의 거리는 달 지름의 100배라는 것을 알 수 있어요. 만약 달의 지름이 3,200km라면 지구에서 달까지의 거리는 이것의 100배인 32만 km가 되겠군요.

이렇게 에라토스테네스가 결정한 지구의 지름으로 달의 지름을 알게 되었고, 달의 지름을 이용해서 달까지의 거리도 알 수 있게 된 것이지요.

그렇다면 지구에서 태양까지의 거리도 계산해 낼 수 있겠군요. 지구에서 태양까지의 거리는 달까지의 거리의 20배라고 했으므로 640만 km여야 하겠군요. 실제 지구와 태양 사이의 거리는 지구와 달 사이의 거리의 400배이므로, 그리스인들이 얻은 태양까지의 거리는 수치적으로는 엉터리지만, 그들이 사용한 분석 방법은 놀라운 것이었지요.

지금까지의 설명으로 고대 그리스 인들이 얼마나 과학적이었는지, 얼마나 많은 일을 해냈는지에 대해 잘 알 수 있었을 거예요.

그런데 그들에게도 풀기 어려운 고민거리가 있었어요. 여러 가지 증거들을 종합해 볼 때 지구가 둥근 공 모양이라는 것은 의심할 수 없는 사실이었지요. 그들은 지구가 공 모양으로 생겼다는 가정을 바탕으로 지금까지 이야기한 모든 사실들을 체계적으로 분석해 낼 수 있었지요. 그러나 공 모양의 지구는 이해하기 힘든 문제를 가지고 있었어요. 그것은 어떻게 지구 표면에 사는 사람들이 지구에서 떨어져 나가지 않고 살아갈 수 있느냐는 것이었지요.

이 문제에 대해 그리스 인들이 얻은 해답은 우주에는 중심이 있고, 모든 것은 우주의 중심을 향해 다가가려고 한다는 것이었지요. 모든 물체가 땅으로 떨어지는 것은 지구가 우주의 중심에 위치해 있기 때문이라는 거였어요.

우주의 중심에 있는 지구는 정지해 있어야 했지요. 따라서 지구 어느 지역에 사는 사람들도 지구 밖으로 떨어지지 않고 살아갈 수 있다고 설명했어요. 이렇게 해서 지구 중심의 천문 체계가 만들어지는 기반이 생겨나게 된 것이지요.

과학은 하루아침에 발전하는 것이 아니라 문제를 발견하고

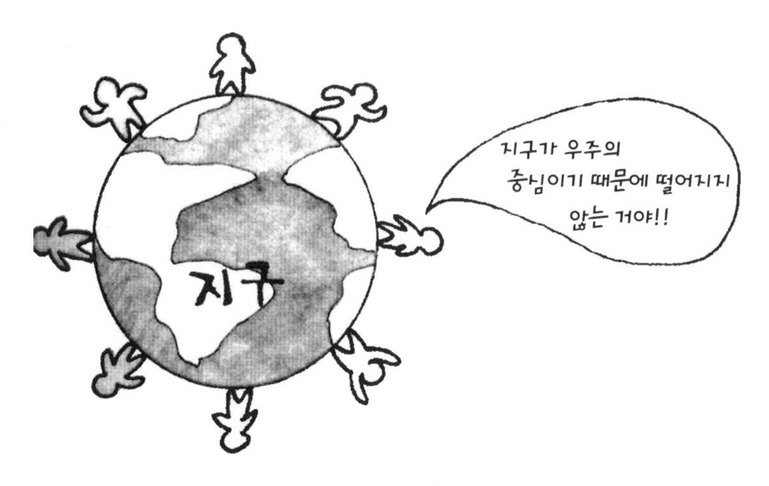

그 문제의 답을 찾아내기 위해 노력하는 과정을 반복하면서 오랜 시간에 걸쳐 발전해 가지요. 그런 과정에서 때로는 올바른 해답을 찾아내기도 하고, 때로는 잘못된 답을 올바른 것으로 생각해서 혼란을 겪기도 하고요.

지구가 우주의 중심이라는 생각은 잘못된 결론이었어요. 그러나 아주 오랫동안 사람들은 이 생각이 잘못되었다는 사실을 몰랐어요. 그러고는 이 생각을 바탕으로 여러 가지 이론들을 만들어 냈어요. 하지만 고대 그리스에도 태양을 중심으로 지구를 비롯한 행성들이 돌고 있다는 지동설이 있었어요.

다음 시간에는 내가 주장했던 지동설의 선조가 되는 고대의 지동설에 대해 알아보기로 하지요.

만화로 본문 읽기

에라토스테네스는 어떻게 해서 지구의 크기를 측정하게 되었나요?
그는 알렉산드리아 도서관의 수석 사서로 근무하면서 여러 가지 재미있는 실험을 많이 했는데, 그 중 하나가 지구 둘레를 측정하는 것이었죠.
알렉산드리아 도서관은 최고의 교육 기관이야.

에라토스테네스는 태양빛이 매년 하지에 시에네에 판 우물 바닥까지 비춘다는 것을 발견하게 되었어요.
시에네 지방에서는 하지에 태양이 머리 위에 있다는 것이군요.
이건 알렉산드리아에서는 절대 일어나지 않는 일인데….

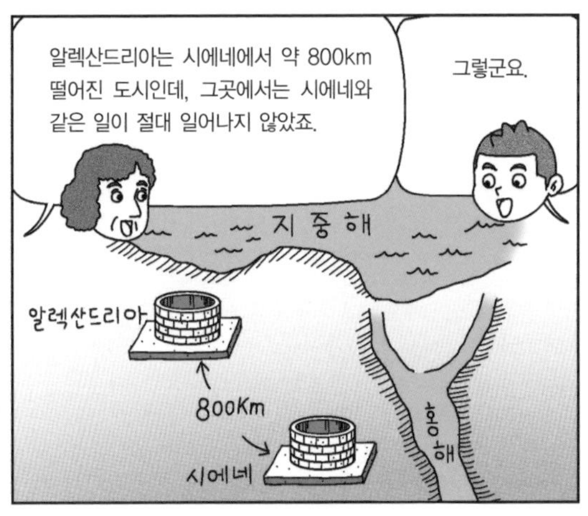

알렉산드리아는 시에네에서 약 800km 떨어진 도시인데, 그곳에서는 시에네와 같은 일이 절대 일어나지 않았죠.
그렇군요.
지중해
알렉산드리아
800Km
시에네
홍해

에라토스테네스는 태양빛이 시에네 우물의 바닥까지 비추는 시각에 알렉산드리아에서 막대 그림자의 각도를 측정하도록 했어요.

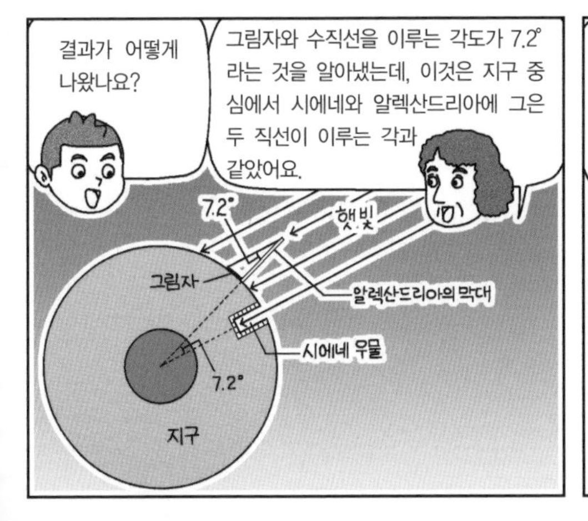

결과가 어떻게 나왔나요?
그림자와 수직선을 이루는 각도가 7.2°라는 것을 알아냈는데, 이것은 지구 중심에서 시에네와 알렉산드리아에 그은 두 직선이 이루는 각과 같았어요.
7.2°
햇빛
그림자
알렉산드리아의 막대
시에네 우물
7.2°
지구

이렇게 해서 에라토스테네스는 지구 둘레가 25만 스타드라는 계산을 했지요. 이 값은 실제 값과 2% 오차밖에 나지 않았지요.
그렇게 지구의 크기가 최초의 과학적인 방법으로 결정된 것이군요.
이집트의 1스타드는 157m
25만 스타드=3만 9,250km
실제 값과 2%의 오차

네 번째 수업 4

아리스타르코스의 지동설

고대 그리스의 아리스타르코스는 제일 처음 지동설을 주장했습니다.
천동설에 밀려 역사 속으로 사라진 최초의 지동설에 대해 알아봅시다.

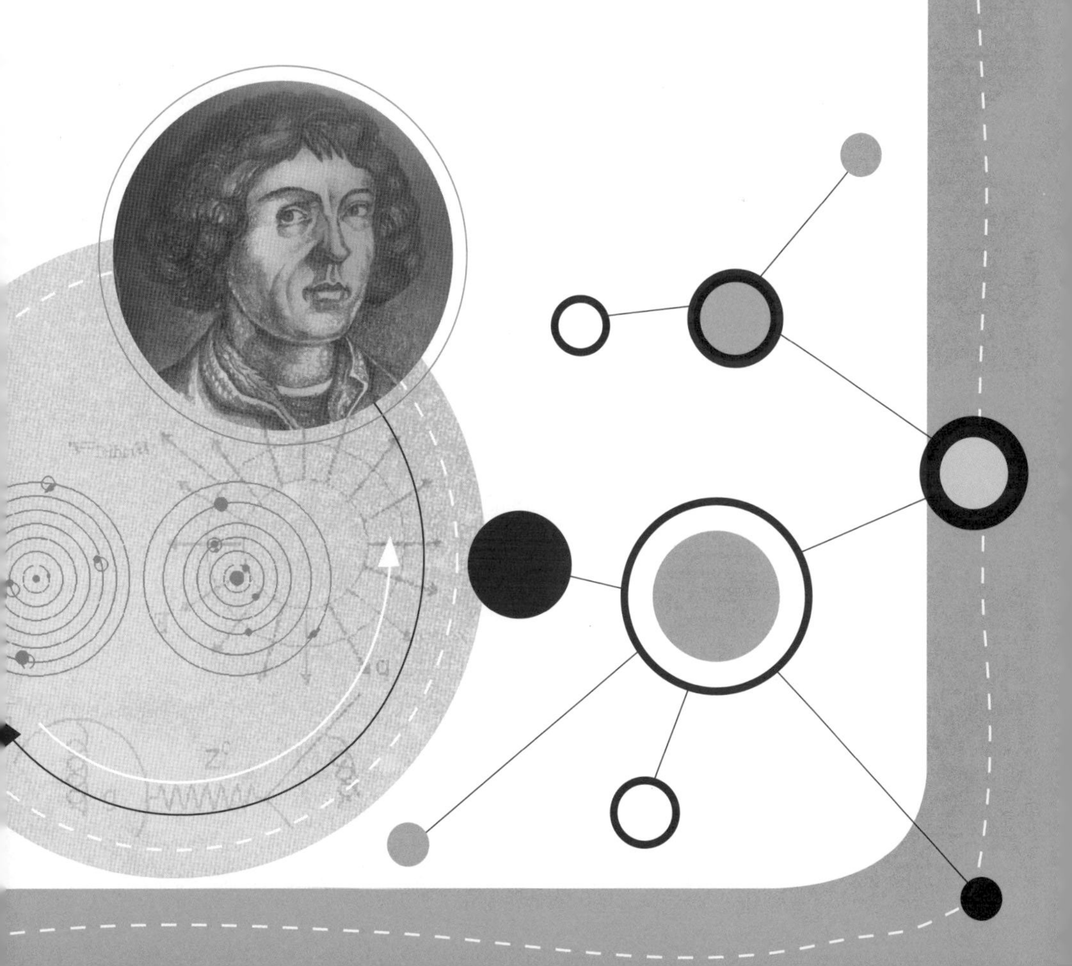

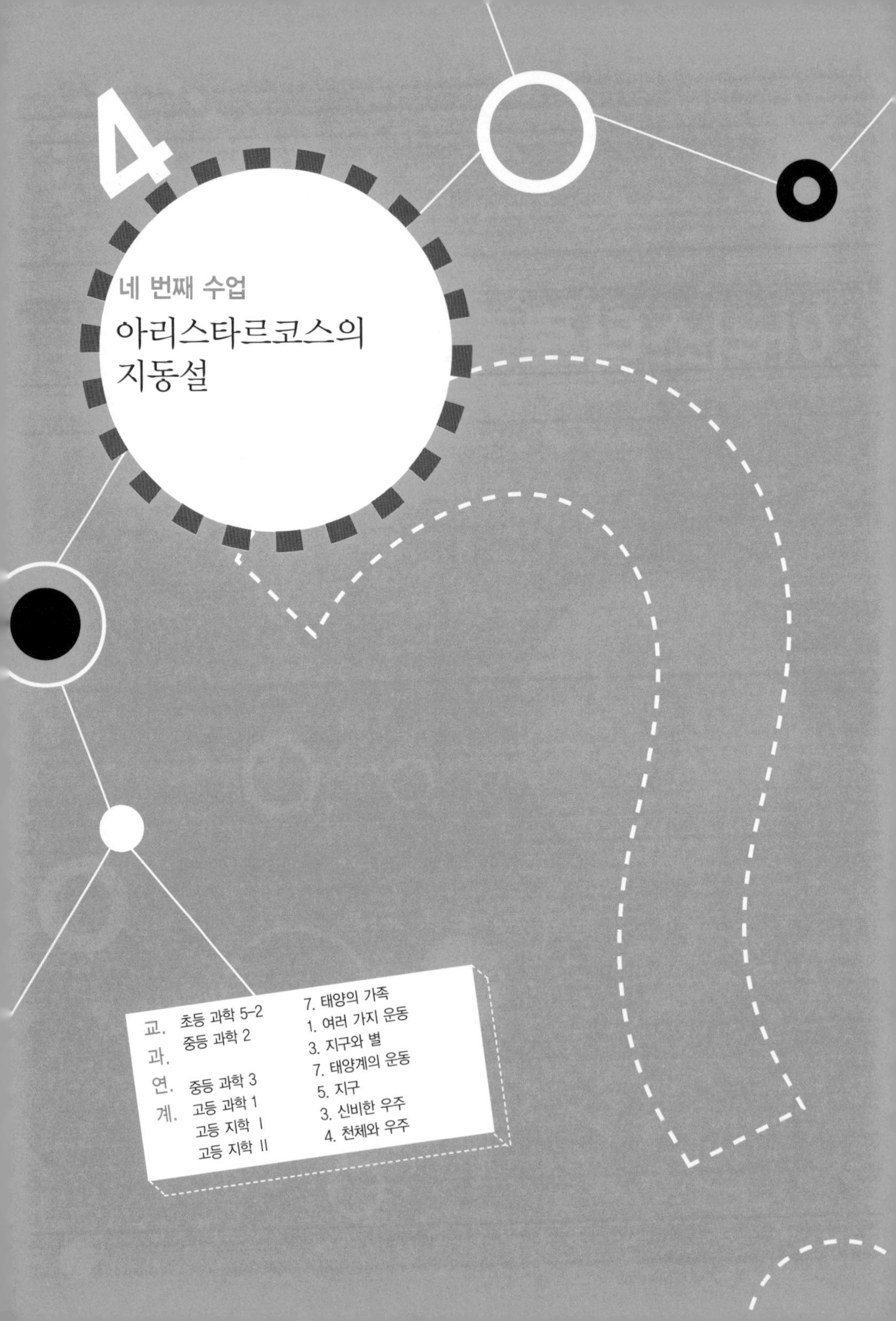

4

네 번째 수업

아리스타르코스의 지동설

교과 연계		
	초등 과학 5-2	7. 태양의 가족
	중등 과학 2	1. 여러 가지 운동
		3. 지구와 별
	중등 과학 3	7. 태양계의 운동
	고등 과학 1	5. 지구
	고등 지학 Ⅰ	3. 신비한 우주
	고등 지학 Ⅱ	4. 천체와 우주

코페르니쿠스는 최초로 지동설을
주장했던 과학자를 소개하며
네 번째 수업을 시작했다.

최초로 지동설을 주장한 아리스타르코스

고대에는 지구가 정지해 있고 태양을 비롯한 행성들이 그 주위를 돌고 있다는 천동설만 있었고, 태양을 중심으로 행성들이 돌고 있다는 지동설은 내가 처음 주장한 것으로 많은 사람들이 알고 있습니다. 그러나 그것은 사실이 아니에요.

고대 그리스에도 이미 천동설과 지동설이 모두 있었어요. 지동설은 태양 중심 천문 체계, 천동설은 지구 중심 천문 체계라고도 하지요. 고대 그리스에서 있었던 천동설과 지동설

의 경쟁에서 지동설이 밀려났기 때문에 천동설이 고대의 대표적인 천문 체계가 된 거예요.

그러니까 내가 주장한 지동설도 나의 독창적인 생각이 아니라 고대의 지동설을 조금 더 다듬은 것이라고 할 수 있어요. 그러면 이제 천동설과 지동설이 나타나 두 학설이 경쟁을 벌이는 과정을 살펴보기로 할까요?

인류는 오래전부터 하늘과 천체의 움직임을 자세히 관측해 왔어요. 처음에 행성들의 움직임을 관측한 것은 개인이나 국가의 미래를 점치는 점성술을 하기 위한 목적이었지요. 하지만 점성술을 위해 수집된 관측 자료들은 후에 천문 체계를 만드는 중요한 기초 자료가 되었어요.

처음 하늘을 관측하기 시작한 사람들은 날마다 태양이 동쪽에서 떠서 하늘을 가로질러 서쪽으로 지는 것을 보았고, 밤마다 달과 별들이 뜨고 지는 것을 보았어요. 그들에게는 땅은 정지해 있었고, 정지해 있는 지구 주위를 천체들이 돌고 있는 것이 확실해 보였어요.

따라서 고대 천문학자들이 지구는 정지해 있고 모든 천체가 지구 주위를 돌고 있다는 지구 중심의 우주관을 만들어 낸 것은 아주 자연스런 생각이었어요. 그것은 매일 관찰하는 사

실이었으니까요. 세상에 눈으로 직접 본 것보다 더 정확한 것이 어디 있겠어요.

하지만 지구가 정지해 있는 것이 아니라 정지해 있는 태양 주위를 돌고 있다고 주장하는 사람도 나타났어요. 처음 그런 생각을 했던 사람은 기원전 5세기 피타고라스의 제자였던 필로라우스(Philolaus, B.C.480~?)였다고 합니다. 하지만 많은 사람들은 그를 미친 사람 취급을 하였답니다. 이렇게 든든하게 버티고 있는 지구가 빠른 속도로 태양 주위를 돌고 있다고 하니 쉽게 믿을 수 없었겠지요.

하지만 필로라우스의 생각을 받아들여 태양 중심 천문 체계를 만든 사람이 나타났어요. 그 사람은 기원전 310년에 태어난 아리스타르코스였어요. 반달일 때 지구와 달, 그리고

지구와 태양을 잇는 직선 사이의 각도를 측정해서 지구와 달까지의 거리와 지구에서 태양까지의 거리를 비를 계산한 바로 그 사람이에요.

아리스타르코스가 제안했던 지동설은 1800년 후에 내가 만들었던 지동설과 아주 비슷해서 같은 것이라고 말할 수도 있지요. 그러나 아리스타르코스의 지동설은 천동설과의 논쟁에서 졌기 때문에 역사 속으로 사라져 버렸지요.

사실은 그 후 내가 만든 지동설도 천동설에 밀려 사라져 버릴 뻔했어요. 그러나 다행히도 갈릴레이(Galileo Galilei, 1564~1642)나 케플러(Johannes Kepler, 1571~1630)와 같이 나의 천문 체계가 옳다는 것을 증명해 줄 후배들이 나타나서 사라져 버릴 뻔한 나의 지동설을 구해 주었지요.

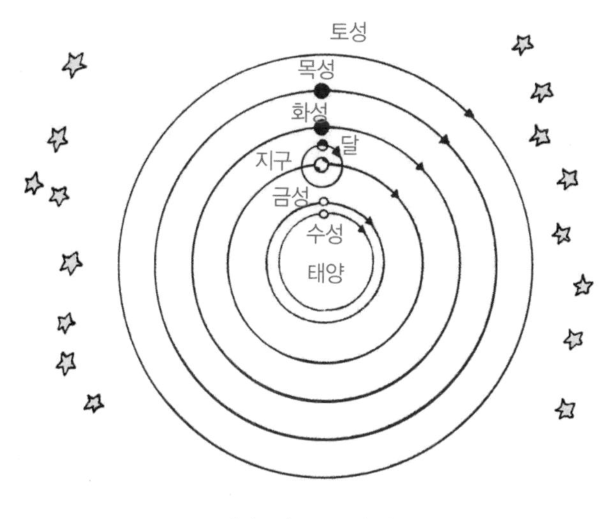

아리스타르코스의 지동설

아리스타르코스가 만든 우주 모형에서는 우주의 중심에 지구가 아니라 태양이 위치해 있었고, 지구는 태양 주위를 돌고 있었어요. 또한 우리가 낮에는 태양을 향하고 밤에는 태양의 반대 방향을 향하는 것을 설명하기 위해 지구가 축을 중심으로 자전하고 있으며 자전 주기는 24시간이라고 했어요.

아리스타르코스는 당시 매우 존경받는 철학자였고, 그의 천문학적 견해는 널리 알려져 있었어요. 그가 주장했던 지동설을 아르키메데스(Archimedes, B.C.287?~B.C.212)가 기록으로 남긴 것만 보아도 잘 알 수 있지요.

아르키메데스는 "아리스타르코스는 별이나 태양은 운동하

지 않고 정지해 있으며 지구는 원 궤도를 따라 태양 주위를 돌고 있다고 가정하였다"라고 기록해 놓았어요.

그러나 당시의 과학자들은 아리스타르코스의 지동설을 받아들이지 않았고, 그 후 1800년 동안 태양 중심 천문 체계는 역사에서 사라졌어요.

왜 그리스 인들은 천동설을 받아들였을까?

도대체 왜 합리적이고 과학적이었던 고대 그리스 인들이 아리스타르코스의 지동설을 버리고 천동설을 받아들였을까요?

고대 그리스 인들이 지동설 대신 천동설을 고집한 데는 인간이 가지고 있는 자기 중심적 자세도 중요한 원인이었던 것 같아요. 사람들은 항상 자신의 위치에서 다른 것들을 설명하려고 하잖아요. 나를 가장 중요한 존재로 생각하는 것도 이런 자세 때문이지요.

사람들은 예로부터 인간이 다른 동물과 다른 특별한 존재라고 생각했어요. 또한 인간은 신에게도 특별한 존재일 것이라고 믿어 왔어요. 그렇기 때문에 인간이 사는 지구가 다른 천체들보다 특별한 장소여야 한다고 생각하는 것은 당연했겠지요.

따라서 모든 천체가 지구를 중심으로 돌고 있다는 생각이 지구가 다른 행성과 마찬가지로 태양을 중심으로 돌고 있다는 생각보다 받아들이기 쉬웠을 거예요.

그러나 고대 그리스 인들이 아리스타르코스의 지동설보다 천동설을 더 좋아한 데는 이외에 또 다른 이유가 있었어요. 앞에서 이야기한 것처럼, 지구가 태양 주위를 돌고 있는 것이 아니라 태양이 지구 주위를 돌고 있다는 것이 아주 확실한 사실처럼 보였기 때문이에요. 한마디로 지동설은 고대 그리스 인의 경험과 상식에 맞지 않았던 주장이지요.

게다가 지구가 실제로 운동하고 있다는 것을 증명해 줄 수 있는 증거를 하나도 찾아내지 못한 것도 아리스타르코스의 지동설을 받아들일 수 없었던 이유였어요.

아리스타르코스는 실제 우리가 관측하는 사실들을 설명할 수 있는 천문 체계를 만들려고 노력하였어요. 하지만 그가 만든 지동설은 생각처럼 정확하지 못했어요. 그의 지동설로는 우리 주위에서 일어나는 일들을 설명할 수 없었지요.

아리스타르코스가 만든 지동설을 반대했던 사람들은 아리스타르코스의 지동설이 가지는 결점들을 하나하나 지적했어요.

우선 그들은 만약 지구가 태양 주위를 빠르게 돌고 있다면 우리는 항상 빠르게 불어오는 바람을 느껴야 할 것이라고 했어요. 그리고 그들은 땅이 그렇게 빨리 달린다면 우리 발이 땅에서 미끄러져야 할 것이라고 생각했어요. 그러나 우리는 항상 바람을 느끼는 것이 아니며, 사람들은 땅에서 미끄러지지 않으므로 그리스 인들은 지구가 정지해 있는 것이 틀림없다고 생각했어요.

그들은 또한 위로 던져 올린 물체가 제자리에 떨어지는 것도 지구가 빠르게 돌고 있지 않는 증거라고 생각했어요. 지구가 빠르게 돌고 있다면 위를 향해 던진 물체는 뒤쪽에 떨어져야 한다고 생각했던 것이지요.

새가 하늘을 날아다니고 있는 것도 지구가 정지해 있기 때

문에 가능하다고 주장했어요. 새가 하늘을 날아다니고 있는 동안에 지구가 멀리 달아나 버리면 새가 어떻게 지구를 쫓아올 수 있겠느냐는 생각이었지요.

우리는 달리는 기차에서 공을 위로 던지면 공이 뒤쪽에 떨어지는 것이 아니라 제자리에 떨어진다는 것을 알고 있어요. 공이 위로 올라갔다가 내려오는 동안에 기차와 함께 공도 앞으로 달리고 있기 때문이지요. 이것은 뉴턴에 의해 밝혀진 관성의 법칙을 이용하면 쉽게 설명할 수 있어요. 그러나 고대 그리스 인들은 뉴턴 역학을 알지 못했기 때문에 지구가 태양 주위를 맹렬한 속도로 돌고 있다는 주장은 터무니없는 소리일 수밖에 없었지요.

지동설이 받아들여지지 못한 또 다른 이유는 그리스 인들이 기존에 알고 있던 중력에 대한 생각이 움직이는 지구와 맞지 않는다는 점이었어요. 그들은 모든 물체는 우주의 중심으로 향하려는 성질을 가지고 있어서, 우주 중심을 향해 움직여 간다고 생각했어요. 우주의 중심으로 향해 다가가려는 것이 모든 물체가 가지고 있는 본성이라는 것이었지요.

가벼운 물체와 무거운 물체 중에서 어떤 물체가 더 빨리 떨어지나 알아보기 위해 갈릴레이가 피사의 사탑에서 낙하 실험을 했다는 이야기는 여러분도 들어보았을 거예요. 갈릴레

이 이전에는 무거운 물건이 가벼운 물건보다 지구 중심으로 돌아가려는 성질이 크기 때문에 더 빨리 떨어질 것이라고 생각했어요. 이런 모든 생각들은 지구가 우주의 중심이라는 생각에 기초를 두고 있지요.

그런데 만약 지동설에서 주장하는 것처럼 지구도 태양 주위를 도는 행성 가운데 하나라면 지구로 떨어지는 물체의 운동을 어떻게 설명할 수 있겠어요?

지동설을 반대하는 사람들은 지구가 우주의 중심이 아니라 태양이 우주의 중심이라면 사과가 땅으로 떨어지는 대신 태양을 향해 하늘로 빨려 올라가야 할 것이라고 주장하면서 지동설을 반대했어요. 물론 현대인들에게는 이런 것은 아무 문제도 되지 않아요. 뉴턴에 의해 올바른 중력 이론을 알게 되

었기 때문이지요.

하지만 중력을 우주의 중심과 연결지어 생각했던 고대 그리스 인들에게는 지구가 우주의 중심이 아니라는 생각을 받아들이기 어려웠어요. 하긴 지구가 우주의 중심이 아니라고 생각하기 어려웠던 것은 고대 그리스 인들만 그랬던 것은 아니에요. 내가 살던 500여 년 전에도 지동설은 받아들이기 어려운 생각이었지요.

지동설을 받아들이지 못한 또 다른 이유

하지만 그리스 인들이 아리스타르코스의 지동설을 받아들이지 못했던 데는 또 다른 이유가 있었어요. 어쩌면 가장 중요한 이유였지요.

그리스 인들은 만약 지구가 태양 주위를 돌기 위해 먼 거리를 움직인다면 지구에 살고 있는 사람들은 1년 동안 항상 다른 위치에서 우주를 관측하게 될 것이라고 생각했어요. 그리고 관측 지점이 변하면 관측되는 우주의 모습도 변해야 한다고 생각했지요.

보는 위치에 따라서 물체들의 배열이 달라져 보이는 것을

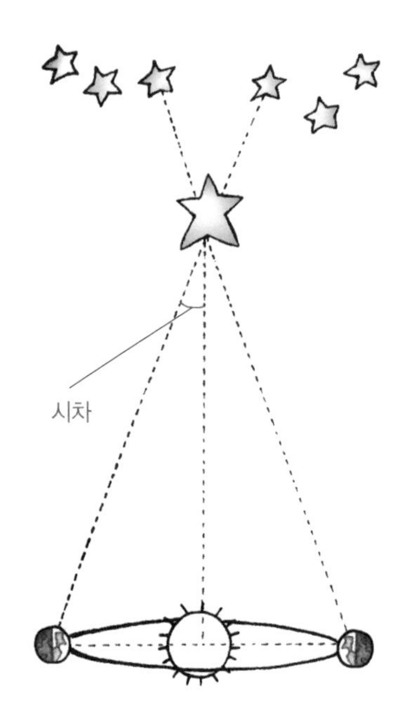

시차라고 하는데, 지구의 공전으로 6개월마다 별들의 위치가 달라 보이는 것을 연주 시차라고 하지요.

지구와 태양 사이의 거리는 1억 5,000만 km예요. 따라서 만약 지구가 태양 주위를 돌고 있다면 6개월 동안에 관측 지점은 3억 km나 변하게 되는 것이지요.

만약 어떤 지점에서 별을 관찰했다면, 6개월 후에는 3억 km나 떨어진 점에서 별들을 바라보게 되는 것이지요. 그렇다면 별들의 위치가 달라져 보일 것이라고 생각했지만 당시의 그리스 인들은 시차를 발견하지 못해 지구가 정지해 있다고 믿있어요.

그래서 아리스타르코스의 지동설을 지지하는 학자들은 시차를 발견하려고 노력했어요.

우리는 당시 그리스 인들이 지구가 돌고 있는데도 시차를 측정하지 못한 이유를 알고 있어요. 사실은 시차가 나타나지 않는 것이 아니라 시차가 나타나지만 크기가 아주 작아서 측정하지 못했던 것이지요.

지구에서 별들까지의 거리는 지구에서 태양까지의 거리와는 비교도 할 수 없을 정도로 멀어요. 태양에서 빛이 지구까지 오는 데는 약 8분 20초가 걸려요. 하지만 우리가 가장 가까운 별까지 가는 데는 4년이 넘는 시간이 걸려요. 그것은 별이 얼마나 멀리 떨어져 있는지를 나타내는 것이에요.

따라서 지구의 운동에 의해 나타나는 별들의 위치 변화는 아주 작아요. 당시의 관측 기술로는 이렇게 작은 시차를 측정할 수 없었던 것이지요. 그러고는 시차가 측정되지 않았으니 지구는 정지해 있는 게 틀림없다고 주장한 것이지요.

이렇게 지동설을 지지하는 주장보다는 반대하는 주장이 훨씬 설득력이 있었어요. 대부분의 그리스 인에게는 천동설이 훨씬 이해하기 쉬웠으며, 합리적인 주장으로 보였기 때문이지요.

그들은 자신들의 천문 체계에 만족했고, 이 천문 체계 안에서 차지하는 지구의 위치와 자신들의 위치에 만족했지요. 따라서 올바른 생각이었던 지동설은 사라지게 되었어요. 잘못된 생각이 올바른 생각을 밀어낸 셈이지요.

그 후 1800년 동안 누구도 지동설을 다시 거론하지 않았어요. 지동설을 주장하면 많은 사람들의 놀림감이 될 것이라고 생각했기 때문이지요.

하지만 그런 염려에도 내가 지동설을 다시 주장한 것은 사람들의 놀림보다 진리가 더 중요하다는 생각 때문이었지요. 나는 지동설을 처음으로 주장한 사람은 아니지만, 1800년 동안이나 누구도 돌아보지 않던 지동설을 다시 세상 밖으로 끄집어낸 사람이라고 할 수 있지요. 그리고 내가 다시 끄집어

낸 지동설은 아리스타르코스의 지동설처럼 사라져 버릴 위기를 맞기도 했지만 결국 갈릴레이나 케플러 같은 사람들을 만나 새로운 이론으로 자리 잡게 되었지요. 그래서 결국 나의 지동설은 '근대 과학'이라는 새로운 과학을 탄생시키는 계기를 제공하게 되었어요.

지동설이 밀려난 고대 그리스에는 천동설만 남았어요. 천동설을 완전한 천문 체계로 완성한 사람은 프톨레마이오스(Klaudios Ptolemaeos, 85?~165?)예요.

프톨레마이오스는 150년경에 살았던 사람이니까 아리스타르코스보다 450년 정도 후세 사람이지요.

그러면 다음 수업에서는 프톨레마이오스가 완성한 천동설에 대해 알아보도록 해요.

만화로 본문 읽기

선생님, 고대 천문학자들 모두 지구는 정지해 있고 모든 천체가 지구 주위를 돌고 있다는 지구 중심의 우주관을 가지고 있었다면서요?
네. 그런데 지구가 정지해 있는 것이 아니라 정지해 있는 태양 주위를 돌고 있다고 주장하는 사람도 나타났어요.
하늘이 움직이는 게 틀림없어.

정말이요? 누구인가요?
기원전 5세기 사람으로 피타고라스의 제자였던 필로라우스였어요. 하지만 많은 사람들은 필로라우스를 미친 사람 취급하였지요.
미쳤군!
지구는 정지해 있는 태양 주위를 돌고 있어!

그런데 기원전 310년에 태어난 아리스타르코스가 필로라우스의 생각을 받아들여 태양 중심 천문 체계를 만들었어요.
태양
아리스타르코스는 달과 태양의 크기의 비를 측정한 업적이 있는 사람이잖아요.

그런 것들은 그가 생각한 지동설에 비하면 아주 사소한 업적이지요. 그의 지동설은 1800년 후에 내가 만들었던 지동설과 거의 같았지요.
그렇군요.
지동설이 맞아!
아리스타르코스

그러나 아리스타르코스의 지동설은 천동설과의 논쟁에서 졌기 때문에 역사 속으로 사라져 버렸지요.
고대 그리스 인들이 지동설보다 천동설을 더 좋아한 이유가 무엇인가요?
아리스타르코스의 지동설
똑똑한 후배들만 있었어도….

한마디로 지동설은 고대 그리스인의 경험과 상식에 맞지 않았고, 지구가 실제로 운동하고 있다는 것을 증명해 줄 수 있는 증거가 하나도 없었기 때문이지요.
아리스타르코스가 시대를 너무 앞서 갔군요.

다 섯 번 째 수 업

5

프톨레마이오스의 천동설

고대인들은 지구가 우주의 중심에 정지해 있다는 천동설을 믿었습니다.
프톨레마이오스가 복잡한 천동설을 어떻게 설명했는지 알아봅시다.

5

다섯 번째 수업

프톨레마이오스의 천동설

교과 연계		
	초등 과학 5-2	7. 태양의 가족
	중등 과학 2	3. 지구와 별
	중등 과학 3	7. 태양계의 운동
	고등 과학 1	5. 지구
	고등 지학 I	3. 신비한 우주
	고등 지학 II	4. 천체와 우주

코페르니쿠스는 고대인들이 믿었던 천동설을 설명하며 다섯 번째 수업을 시작했다.

천동설을 주장했던 사람들의 골칫거리

천동설은 정지해 있는 지구를 중심으로 모든 천체들이 원운동을 하고 있다는 학설이에요. 고대인들은 지구가 우주의 중심에 정지해 있고, 7개의 천체가 돌고 있는 바깥쪽에는 별들이 박혀 있는 천장이 있다고 주장했지요.

그러나 이런 주장이 천동설의 전부는 아니에요. 천동설은 이것보다는 훨씬 복잡하고 정교한 이론이었어요.

지구를 중심으로 모든 천체들이 돌고 있다는 것은 쉽게 이

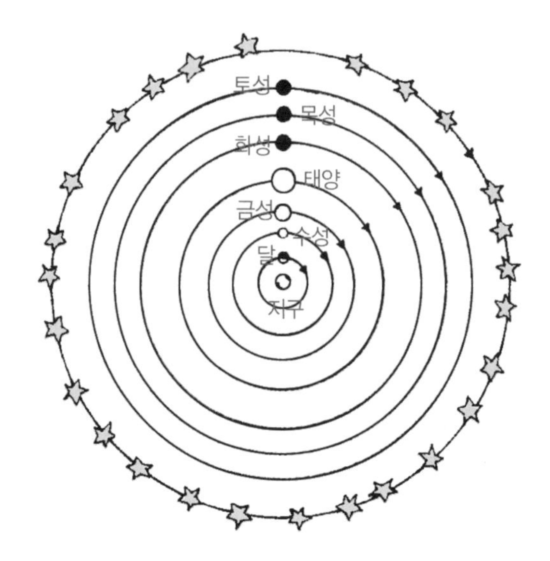

해할 수 있는 사실처럼 보였지만, 조금만 자세히 관찰해 보면 많은 문제가 있다는 것을 금방 알 수 있어요.

태양과 달 그리고 멀리 있는 별들이 지구를 중심으로 돌고 있다는 것은 확실해 보였어요. 그러나 다섯 행성들의 운동은 그렇게 간단하지 않았지요. 행성들은 앞으로 가다가 때로는 정지하고 때로는 뒤로 가는 것처럼 보였어요.

행성들의 이런 이상한 운동은 천동설을 주장했던 사람들에게 보통 골치 아픈 문제가 아니었어요. 행성이 지구를 중심으로 원운동을 하고 있다면 이런 현상은 나타나지 않아야 하거든요.

사람들은 이렇게 제멋대로 왔다 갔다 하는 천체들을 '떠돌이별'이라는 의미로 행성이라고 불렀어요. 현재 행성은 8개이지요. 그러나 당시에는 맨눈으로 보이는 5개의 행성이 전부인 줄 알았어요.

그렇다면 행성이 뒤로 간다는 것은 무슨 뜻일까요? 하늘에는 계절마다 별자리들이 달라요. 하지만 봄 별자리가 꼭 봄에만 나타나는 것은 아니에요. 여름에도 봄 별자리를 볼 수 있고, 여름 별자리도 볼 수 있으며 가을 별자리도 볼 수 있어요.

별자리들은 매일 동쪽에서 떠서 서쪽으로 지는데, 같은 별자리가 떠오르는 시간이 매일 3분 56초씩 빨라져서 한 계절이 지나면 같은 시간에 다른 계절 별자리가 떠오르는 거예요.

그런데 행성은 항상 같은 별자리에 있는 것이 아니라 시간

이 흐름에 따라 한 별자리에서 다른 별자리로 옮겨 갑니다. 그러니까 3월에는 황소자리에 보이던 화성이 4월에는 쌍둥이자리에 보이는 것이지요.

행성들은 일반적으로 서쪽에 있는 별자리에서 동쪽의 별자리로 이동해 가지요. 하지만 어떤 때는 움직이지 않는 것처럼 보이기도 하고, 동쪽에 있는 별자리에서 다시 서쪽에 있는 별자리로 움직여 가기도 해요.

목성이나 토성에서도 이런 현상이 나타나지만 목성과 토성은 아주 천천히 움직이기 때문에 이런 현상을 관측하기가 어렵지요. 하지만 지구에 가까이 있는 화성에서는 이런 현상이 뚜렷하게 나타나기 때문에 2달 정도만 규칙적으로 관측하면 화성이 앞으로 갔다 뒤로 갔다 하는 것을 관찰할 수 있어요. 그래서 화성을 특히 '뒤로 가는 별'이라고 했던 것입니다.

고대 그리스에서 가장 위대한 철학자였던 플라톤과 그의 제자 아리스토텔레스는 '모든 천체는 원운동을 해야만 한다'고 했어요. 그들은 단순하고 아름다우며 시작과 끝이 없는 원운동이 모든 운동 중에서 가장 완전한 운동이라고 생각했어요. 하늘은 완전한 세상이기 때문에 모든 천체는 원운동을 해야 한다고 주장했던 것이지요.

오랫동안 모든 과학자들은 이런 주장을 아무 의심 없이 받아들였어요. 이들보다 훨씬 후에 살았던 중세의 과학자들도 마찬가지였고요. 근대 과학의 기초를 마련했다는 칭찬을 듣는 나도 천체는 원운동을 해야 한다는 것을 의심하지 않았으니까요.

천체는 여러 개의 원운동을 한다?

행성은 천체이므로 원운동을 해야 한다는 것은 당연했어요. 그런데 원운동을 하면서 어떻게 앞으로 가기도 하고 뒤로 가기도 할까요? 아주 오랫동안 고심한 학자들은 드디어 이 문제를 해결하는 교묘한 방법을 찾아냈어요. 그들은 행성들이 하나의 원운동을 하는 것이 아니라 여러 개의 원운동을 하기 때문이라고 설명했지요.

이 설명을 이해하기 위해 한 가지 실험을 해 보죠. 긴 막대와 짧은 막대를 준비하고, 짧은 막대 끝에는 행성을 나타내는 작은 공을 매달아 보세요. 그런 후에 공이 달려 있는 작은 막대를 긴 막대 끝에 못으로 고정시켜 보세요. 못을 헐겁게 박아 짧은 막대가 긴 막대 끝에서 마음대로 돌아갈 수 있도록 해야 합니다. 그런 다음 짧은 막대는 돌아가지 못하도록 고

정하고 긴 막대를 회전시키면서 공의 운동을 살펴보세요. 이런 경우에 공은 당연히 큰 원을 따라 원운동을 하는 것으로 보일 거예요.

이번에는 긴 막대는 고정하고 긴 막대 끝에 달려 있는 짧은 막대만 회전시키면서 공의 운동을 살펴보세요. 공은 막대 끝의 한 점을 중심으로 회전하고 있는 듯 보일 것입니다.

그러면 다음에는 긴 막대와 짧은 막대를 동시에 돌리면서 공의 운동을 살펴보세요. 두 막대를 동시에 돌리면 공은 아주 복잡한 운동을 하는 것처럼 보일 거예요. 즉, 두 막대의 길이와 속도에 따라 공의 운동은 여러 가지 형태로 나타나겠지요.

행성이 앞으로 가기도 하고 뒤로 가기도 하는 것을 설명하기 위해 고대 과학자들은 원운동을 조합하는 방법을 생각해 낸 거예요. 이렇게 원운동의 조합을 통해 만들어 낸 운동은 이상한 모양의 곡선 운동이 되었지만, 천체가 원운동을 해야 한다는 원칙은 그대로 적용된다고 생각했어요. 그러니까 행성은 공간의 어떤 점을 중심으로 원운동을 하고 있고, 이 원운동의 중심이 되는 점이 지구를 중심으로 돌고 있다는 것이었지요.

이러한 방법으로 행성이 운동한다는 것을 처음으로 설명하려고 시도한 사람은 플라톤의 제자였던 에우독소스(Eudoxos, B.C.400~B.C.350)라고 알려져 있어요. 기원전 400년경에 태어나 플라톤이 세운 아카데미아에서 공부했던 에우독소스는 수학과 기하학 분야에서도 많은 업적을 남겼습니다. 또한 천문학에 기하학을 접목해 천동설의 기초를 닦은 사람으로 알려져 있기도 합니다.

에우독소스는 천체가 원운동을 해야 한다는 생각을 유지하면서도 행성의 불규칙한 운동을 설명하기 위해 조합된 원운동을 부여했습니다. 이런 그의 생각은 고대 과학을 완성한 아리스토텔레스에 의해 받아들여졌고, 후에 히파르코스(Hipparchos, B.C.146~B.C.127)에 의해 더욱 발전했지요.

히파르코스는 행성의 운동을 설명하기 위해 제안되었던 원운동을 약간 변형시켰어요. 처음에는 큰 원운동은 지구를 중

과학자의 비밀노트

히파르코스(Hipparchos, B.C.146~B.C.127)

고대 그리스의 가장 위대한 관측 천문학자로 맨눈으로 관찰할 수 있는 1,080개 별들의 밝기를 6등급으로 나누었다.

1등급은 가장 밝은 별, 6등급은 맨눈으로 겨우 볼 수 있는 정도의 별로, 1등급의 별은 6등급의 별보다 100배 정도 더 밝다.

심으로 돌고 있고 작은 원운동은 지구를 돌고 있는 점을 중심으로 이루어진다고 생각했어요.

하지만 이것만으로는 행성의 운동을 충분히 설명할 수 없었어요. 행성의 밝기가 어떤 때는 밝아 보이고, 어떤 때는 어두워 보였거든요. 지구를 중심으로 돌고 있다면 이렇게 큰 밝기의 변화가 나타나는 것을 이해할 수 없었지요.

그래서 큰 원운동의 중심은 지구가 아니라 지구와 떨어져 있는 어떤 점이라고 했어요. 그러니까 행성은 지구를 중심으로 도는 것이 아니라 지구 부근의 어떤 점을 중심으로 돌고 있다는 것이었지요. 당연히 지구는 움직이지 않고 정지해 있다고 생각했고요.

이러한 큰 원운동을 이심원 운동이라고 부르게 되었어요.

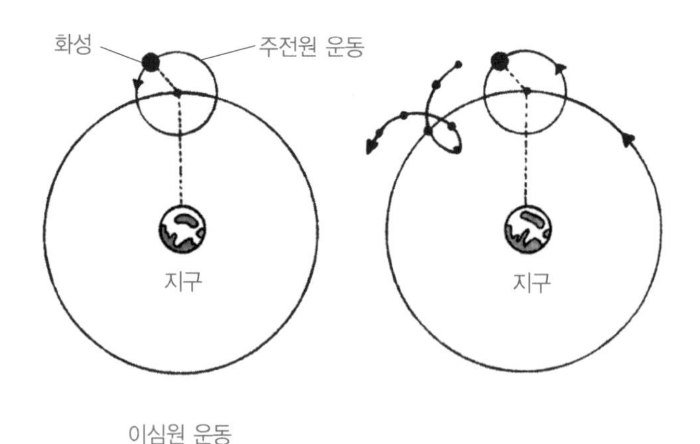

이심원 운동

이심원이란 다른 중심을 가진 원이란 뜻으로, 지구가 아닌 다른 중심을 도는 원운동이란 뜻이었지요. 그리고 이심원 위의 어떤 점을 중심으로 도는 작은 원운동을 주전원 운동이라고 불렀어요. 그러니까 행성들의 운동을 관측한 결과를 설명하기 위해 천동설에서 한 발짝 후퇴한 것이지요.

천동설 체계를 완성한 프톨레마이오스

이런 생각을 바탕으로 천동설 체계를 완성한 사람은 프톨레마이오스예요. 프톨레마이오스의 천동설은 히파르코스가 제안했던 이심원과 주전원 운동을 기초로 하고 있지만 이보다 훨씬 복잡한 것이었어요.

프톨레마이오스는 각각의 행성에 따른 이심원의 지름이 얼마인지, 또 그 위에서 운동하는 주전원의 지름은 얼마이고, 어느 속도로 운동하는지를 결정하기 위해서 이전의 관측 자료들을 수집했어요. 또 스스로 관측하여 자료를 모으기도 했어요. 하지만 이것은 생각보다 어려운 작업이었어요. 고도의 수학적 분석이 필요한 작업이었거든요.

그의 목표는 이심원과 주전원 운동을 이용하여 행성들의

미래 위치와 일식, 월식을 예측하려는 것이었지요.

하지만 오랜 연구 끝에 이심원 운동과 주전원 운동만으로는 행성의 운동을 정확하게 설명해 낼 수 없다는 것을 알게 되었어요. 그래서 지구의 중심과 떨어져 있고 이심원의 중심이 아닌 대심이라는 점을 더했어요. 행성이 이 점에 가까워지면 속도가 빨라지고, 이 점에서 멀어지면 속도가 느려진다는 것이었지요. 그러니까 한 행성의 운동을 설명하기 위해 이심원과 주전원이라는 2개의 원과 이심과 대심이라는 2개의 점이 필요하게 된 것이지요.

이렇게 프톨레마이오스의 천동설은 관측치와 맞추기 위해 점점 더 복잡해져 갔어요. 하지만 복잡해진 만큼 행성의 위치나 일식, 월식은 더 정확하게 예측할 수 있게 되었어요. 프톨레마이오스의 목적이 어느 정도 달성된 것이지요.

프톨레마이오스는 자신이 만들어 낸 천동설을 정리하여 《수학 집대성》이라는 책을 썼어요. 이 책은 827년에 아랍 어로 번역되어 출판되었는데, 번역본의 제목은 《알마게스트》였어요. 아랍 어로 최고의 책이라는 뜻이지요.

《알마게스트》는 천동설뿐만 아니라 별들과 행성들에 대한 천문학적 사실을 두루 다루고 있는 '천문학 백과사전'과 같은 책이었지요.

이 책은 고대 그리스 천문학이 얻어 낸 결과를 종합한 것이라고 할 수 있어요. 고대의 가장 위대한 천문학자라고 할 수 있는 히파르코스의 업적도 이 책을 통해 알 수 있지요. 히파르코스는 책을 써서 후세에 남겨 놓지 않았지만 프톨레마이오스가 《알마게스트》에 히파르코스가 연구한 내용과 그의 주장을 자세히 설명해 놓았거든요. 그래서 이 책의 내용 중에는 어떤 부분이 히파르코스의 생각이고, 어떤 부분이 프톨레마이오스의 업적인지 구별할 수 없는 것도 많답니다.

《알마게스트》의 앞부분에는 천동설에 대해 설명하고, 지구가 우주의 중심에 있으며 움직일 수 없다는 것을 증명하기 위한 많은 증거를 제시해 놓았어요.

만약 지구가 아리스타르코스의 주장대로 움직이고 있다면, 그 결과로 특별한 현상이 관측되어야 할 것이라고 주장했어요. 또 모든 물체가 지구의 중심으로 떨어지는 것은 지구가 우주의 중심에 고정되어 있기 때문이라고 했어요. 지구가 24시간에 1번씩 자전한다면 하늘을 향해 던진 물체는 같은 지점에 떨어질 수 없어야 하는데, 실제로는 항상 같은 지점에 떨어지는 것으로 보아 지구가 자전하지 않은 것이 확실하다고 했어요.

또한 프톨레마이오스는 지구가 운동하고 있다는 어떤 증거도 발견되지 않았으며, 천체들이 지구 주위를 돌고 있다는 것이 틀렸다는 어떤 증거도 없다는 점을 강조했어요.

그 결과 150년경에 출판된 프톨레마이오스의 《알마게스트》는 1400년 동안 천문학의 가장 권위 있는 교과서가 되었지요. 따라서 천문학에 관심이 있고 천체 현상을 이해하려는 사람들에게는 필독서였어요.

《알마게스트》에 실려 있는 천동설은 복잡했지만 매우 정확한 편이었어요. 여러 천문학자들이 천동설이 오차를 가지고 있다는 것을 지적하기도 했지만 그 정도의 오차를 문제 삼는 사람들은 거의 없었어요. 게다가 교회에서는 프톨레마이오스의 천동설을 정설로 받아들였어요. 지구가 우주의 중심이라는 천동설과 성경의 내용이 잘 맞아떨어진다고 생각했던 모양이에요.

현대 사람들 중에는 천동설이 엉터리이고 지동설은 정확한 학설이라고 생각하는 사람이 많아요. 하지만 꼭 그런 것만은 아니에요. 움직이는 지구에서 하늘을 관측하다 보니 천체들의 움직임이 복잡해 보였고, 그런 천체들의 운동을 설명하기 위해 천동설을 사용했던 것이지요. 즉, 천동설은 나름대로 매우 과학적이며 수학적인 천문 체계였어요.

내가 천동설을 싫어했던 것도 정확하지 않았기 때문이 아니라 너무 복잡했기 때문이었어요. 간단하게 설명할 수 있는 것을 복잡하게 설명하고 있는 천동설이 내가 보기에는 답답해 보였지요. 하지만 지구가 정지해 있어야 안전하다고 믿던 많은 사람들은 간단한 지동설 대신 복잡한 천동설을 선택했던 것이지요.

만화로 본문 읽기

고대인들은 복잡한 천동설을 어떻게 설명했나요?
먼저 복잡한 천동설 체계를 완성한 프톨레마이오스에 대해서 알려 줄게요.

프톨레마이오스가 천동설을 주장한 대표적인 과학자인가 보군요.
네. 그는 천동설을 정리해서 《수학 집대성》이라는 책을 썼는데, 이 책은 후에 아랍 어로 번역된 《알마게스트》로 더 잘 알려지게 되었지요.
최고의 책 이란 뜻
알마게스트
책의 내용은 어떤 것인가요?
천동설뿐만 아니라 별과 행성에 대한 천문학적 사실을 두루 다루고 있는 '천문학 백과사전'과 같은 책이에요.
알마게스트
천문학은 이 책 한 권이면 된다고.

이 책에는 천동설에 대한 많은 증거를 제시해 놓았어요. 그중 하나는 지구가 자전한다면 하늘을 향해 던진 물체는 같은 지점에 떨어질 수 없어야 한다는 거였어요.
물체가 같은 지점에 떨어지는 것으로 보아 자전하지 않는다고 했겠군요.
지구는 자전하지 않는 게 확실해.

네. 그는 이 책에서 지구가 운동하고 있다는 증거도, 천체들이 지구 주위를 돌고 있다는 것이 틀렸다는 증거도 없다는 점을 강조했지요.
당시로서는 나름대로 논리적이긴 하네요.
알마게스트
증거가 없잖아, 증거가!
천동설은 나름으로 매우 과학적이고 수학적인 천문 체계였어요. 내가 천동설을 싫어했던 것은 정확하지 않아서가 아니라 너무 복잡했기 때문이었죠.
저도 복잡한 건 딱 질색이에요, 히히.

여섯 번째 수업 6

암흑시대를 넘어 다시 지동설로

코페르니쿠스는 천문학의 성서가 된 《알마게스트》에 대해 반발하여 지동설에 관한 논문을 발표했습니다. 이에 대해 자세히 알아봅시다.

여섯 번째 수업

암흑시대를 넘어 다시 지동설로

교과 연계		
	초등 과학 5-2	7. 태양의 가족
	중등 과학 2	3. 지구와 별
	중등 과학 3	7. 태양계의 운동
	고등 과학 1	5. 지구
	고등 지학 I	3. 신비한 우주
	고등 지학 II	4. 천체와 우주

코페르니쿠스는 이제 지동설
이야기를 시작해 보겠다며
여섯 번째 수업을 시작했다.

유럽에서 한동안 잊혔던 천동설

이제 내가 주장했던 지동설을 이야기할 차례가 되었군요. 하지만 그 전에 내가 천문학 공부를 하기 시작하던 때의 유럽의 천문학이 어떤 상태였는지 설명하도록 하겠습니다.

고대 그리스에서 발달했던 과학들은 중세에 와서 유럽에서 사라지게 되었어요. 로마 시대가 되면서 그리스의 문화와 전통을 배척했기 때문이지요. 그래서 유럽은 과학적으로 크게 후퇴하는 암흑시대를 보내게 됩니다.

이때 천문학도 크게 후퇴해 지동설은 물론 천동설도 사라지게 되었어요. 천동설 대신 천사들이 행성을 밀고 있다는 식의 신화 같은 천문학이 다시 등장하게 되었지요.

유럽이 약 500년 동안의 암흑 시기를 보내고 있는 동안 그리스의 과학과 천동설은 아랍으로 옮겨 갔어요. 아랍의 과학자들은 프톨레마이오스의 《알마게스트》를 번역했을 뿐만 아니라 새로운 천문 관측 기구를 발명했어요. 또한 여러 곳에 천문 관측소를 설치하고 천체 관측을 했지요.

하지만 그들은 천체 관측을 하면서도 프톨레마이오스의 천동설 체계를 전혀 의심하지 않았어요. 오히려 그들의 천문학은 천동설을 확인하고 강화하는 것이었지요. 이러한 연구는 후에 유럽 사람들을 깜짝 놀라게 합니다.

아랍 인들은 지금의 중동 지역뿐만 아니라 에스파냐 지방에도 그들의 왕국을 건설했어요. 따라서 에스파냐에도 아랍 인들로 그리스 과학이 전해졌습니다.

그중 에스파냐 지방에 톨레도라는 도시의 도서관에는 아랍어로 번역된 그리스 과학 책이 많이 보관되어 있었지요. 후에 아랍 인들이 세운 톨레도를 에스파냐가 점령하게 되면서 유럽 사람들은 톨레도에 잘 보관되어 있던 그리스 과학을 500년이라는 시간을 넘어 다시 발견하게 된 것입니다.

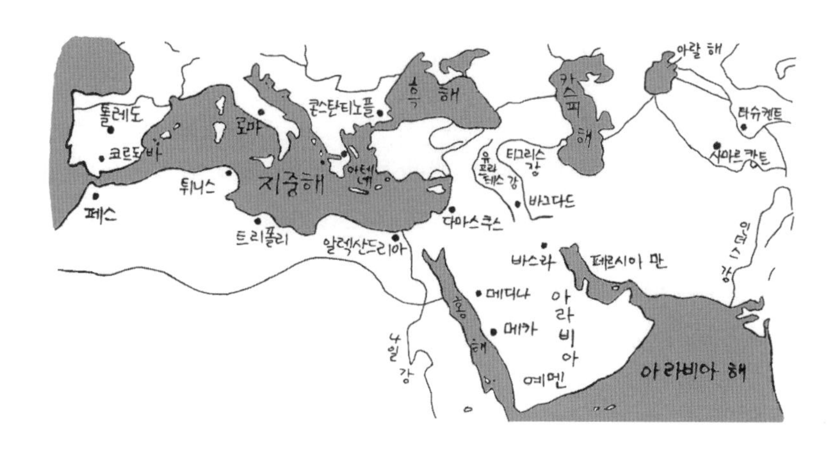

톨레도의 도서관에 있던 대부분의 책들은 아랍 어로 기록되어 가장 먼저 필요한 것은 대규모의 번역 사업이었어요. 그러나 처음에는 아랍 어를 라틴 어로 번역할 수 있는 사람이 없어서 아랍 어를 우선 스페인 어로 번역하였고, 다음에 이것을 라틴 어로 번역해야 하는 번거로움이 있었어요.

그러던 중 제라드라는 사람이 프톨레마이오스가 쓴 《알마게스트》가 톨레도의 도서관에서 발견되었다는 소문을 듣고 와서는 이 책을 라틴 어로 번역했지요. 그는 이 책 외에도 76권의 책을 라틴 어로 번역했고, 그중에서 《알마게스트》가 가장 중요한 책이었다고 말했어요. 이런 과정으로 유럽에서 사라졌던 천동설이 다시 등장하게 된 것이지요.

천문학의 성경이 된 《알마게스트》

아랍을 통해 고대 그리스의 과학을 접한 유럽 인들은 그들의 뛰어난 과학 지식에 깜짝 놀랐어요.

당시 유럽의 학자들은 고대 그리스의 기록을 매우 존중했기 때문에 어떠한 의심도 하지 않았어요. 하긴 500년이 넘게 과학을 잊고 살던 유럽 인들에게 그리스 과학은 모든 것이 새로웠을 테니 당연한 일이었지요. 심지어 그리스 과학자들은 모든 것을 이해하고 있는 사람들처럼 생각했고, 그들이 쓴 책들은 성경처럼 중요하게 여겼습니다.

따라서 고대 그리스 인들이 쓴 책 중 틀린 내용마저 진리로 받아들였어요. 예를 들어, 아리스토텔레스가 쓴 책 중에는 남자가 여자보다 더 많은 치아를 가지고 있다는 내용이 쓰여 있었어요. 그런데 유럽 인들은 이것을 확인해 보지도 않고 사실로 받아들였어요. 누구나 남자와 여자의 입속을 자세히 들여다보기만 했어도 알 수 있는 사실이었는데 말이지요.

《알마게스트》가 번역되자 이 책은 곧 천문학의 성경이 되었어요. 제라드가 라틴 어로 번역한 1175년부터 지동설을 주장한 나의 책 《천체의 회전에 관하여》가 출판된 1543년까지 약 400년 동안 《알마게스트》의 내용은 진리처럼 생각되었지요.

그러나 그동안에도 천동설의 내용을 의심하는 사람들이 아주 없었던 것은 아니에요. 레온-카스티야 왕국의 왕이었던 알폰소 10세(Alfonso Ⅹ, 1221~1284)는 《알마게스트》의 천동설이 정확하지 않다는 것을 발견하기도 했어요.

그는 학자들에게 자신들의 관측 자료와 아랍 인의 관측 자료를 이용하여 행성 운동에 대한 새로운 표를 만들라고 지시했어요. 이렇게 해서 만들어진 표를 알폰소 표라고 하는데, 이 표는 후에 내가 지동설을 만들 때도 유용하게 사용되었지요.

또한 그는 수많은 원을 사용하고 있는 프톨레마이오스의 천동설을 그다지 좋아하지 않았어요. 그는"만약 하나님이 창조 작업을 시작하기 전에 나와 의논했다면 나는 좀 더 단순한 우주를 만들라고 조언했을 것이다."라고 말했다고 합니다.

알폰소 10세 외에도 천동설을 의심하는 사람들이 나타났어요. 14세기에 프랑스의 궁정 신부였던 오렘(Nicole d' Oresme, 1325~1382)은 천동설이 틀렸다고 하지는 않았지만, 충분히 증명된 것이 아니라고 비판했지요. 그런가 하면 15세기에 독일의 추기경이었던 쿠자누스(Nicolaus Cusanus, 1401~1464)는 우주의 중심은 지구가 아니라 태양이라고 주장했어요.

그러나 천동설에 대한 이런 비판이나 도전은 많은 사람들의 관심을 끌지 못했어요. 복잡하기는 했지만 정교했던 천동설을 대신할 만한 새로운 체계를 만들어 내지 못했기 때문이지요.

이제 시대는 바뀌어 내가 본격적으로 활동하게 된 16세기가 되었어요. 많은 고대 그리스 과학 책들이 번역되면서 아리스타르코스의 지동설을 소개한 책들도 번역되었지요.

앞에서 이야기한 대로 나는 신학을 공부하면서도 천문학에 많은 관심을 가지고 있었어요. 《알마게스트》를 통해서 프톨레마이오스의 천동설을 배우는 한편, 스스로 천체 관측을 하기도 했지요. 또한 알폰소 표는 내게 아주 귀중한 천문학 자료가 되었어요.

나는 천동설을 공부하면 할수록 마음에 들지 않았어요.

우선 너무 복잡해서 이해할 수 없는 점이 많았어요. 또 행성들이 아무것도 없는 어떤 점(대심)의 중심을 돌고, 다시 주전원의 중심을, 주전원의 중심이 다시 이심원의 중심을 돌고 있다는 것도 마음에 들지 않았지요. 행성과 같은 천체가 어떻게 아무것도 없는 어떤 점을 중심으로 돌 수 있겠어요?

내가 더욱 천동설을 싫어하게 된 이유는 바로 이 대심이라는 점 때문이었어요. 천동설에서는 행성의 운동을 관측치와 일치시키기 위해 대심이라는 점을 정해 놓고, 이 점에 가까워지면 빨라지고 멀어지면 느려진다고 설명했거든요. 내가 보기엔 이런 것들이 모두 억지처럼 보였어요.

다시 말해 천동설은 마치 여러 사람이 그린 그림 조각을 짜맞추어 만든 괴상한 그림 같았어요. 한 사람은 얼굴을, 다른

사람은 팔과 다리를, 또 다른 사람은 몸통을 각각 그린 다음 짜맞추면 어떤 모습이 될까요? 신체의 각 부분을 아무리 잘 그렸다고 해도 짜맞추어 만든 사람의 모습은 괴물같이 보이지 않을까요? 내게는 천동설이 그런 괴물처럼 보였어요.

코페르니쿠스의 천체 회전에 관한 논문

그래서 나는 이런 모든 현상을 설명할 수 있는 새로운 체계를 생각하게 되었어요.

후세 사람들은 내가 지동설에 관한 논문을 평생 1.5편 썼다고 이야기하기도 하더군요. 1편은 내가 죽던 해인 1543년에 출판한 《천체의 회전에 관하여》를 뜻하고, 0.5편은 1514년에 쓴 〈소고〉라는 논문을 뜻하지요. 1514년에 썼던 것을 1편이 아니라 0.5편이라고 하는 까닭은 이 논문이 정식으로 출판된 것이 아니라 손으로 써서 가까운 사람들만 돌려 보았기 때문일 거예요.

출판되지 않은 이 논문은 20쪽 정도의 짧은 글이지만, 여기에는 내가 주장한 지동설에 관한 중요한 내용이 모두 들어 있어요. 이 논문의 내용은 다음과 같이 8가지로 요약해 볼 수 있어요.

- 지구는 우주의 중심이 아니다.
- 우주의 중심은 태양의 중심 부근에 있다.
- 지구에서 태양까지의 거리는 지구에서 별까지의 거리에 비해 아주 작다.
- 별들이 뜨고 지는 것은 지구가 자신의 축을 중심으로 자전하고 있기 때문이다.
- 지구의 자전축은 적당히 기울어져 세차 운동을 한다.
- 태양의 연주 운동은 지구가 태양 주위를 공전하고 있기 때문이다.
- 모든 행성은 태양 주위를 도는 원운동을 하고 있다.
- 행성들이 뒤로 가는 것은 움직이는 지구에서 관측하기 때문에 보이는 겉보기 현상이다.

내가 이런 생각을 하게 된 데는 이탈리아에 유학하고 있을 때, 아리스타르코스의 지동설에 대해서 들은 것이 큰 도움이 되었어요. 하지만 아리스타르코스의 지동설에 대해 자세히 배울 수 없었기 때문에 많은 부분을 나 스스로 생각해 내야 했지요.

천동설이 이렇게 복잡하게 된 것은 행성의 이상한 운동을

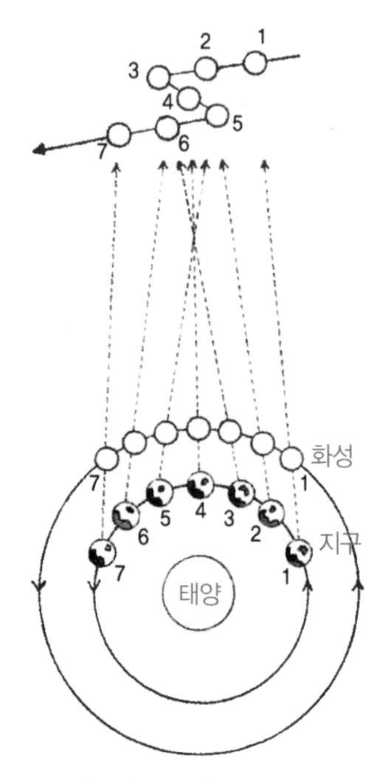

겉보기 퇴행 운동의 원리

설명하기 위해서였어요. 하지만 모든 행성이 태양을 중심으로 돌고 있다는 지동설을 이용하면 행성의 불규칙한 운동을 간단히 설명할 수 있다는 것을 알았어요.

행성이 앞으로 가기도 하고 뒤로 가기도 하는 이유는 실제로 그런 것이 아니라, 태양을 돌고 있는 지구에서 그렇게 보일 뿐이었지요.

지구는 태양 가까이에서 빠르게 돌고 있고, 화성이나 목성 그리고 토성은 태양에서 멀리 떨어져 천천히 돌고 있다고 생각하면 행성의 이상한 운동은 간단히 설명할 수 있어요. 지구는 목성이나 화성, 토성보다 빨리 돌고 있기 때문에 이들 행성을 뒤에서 따라가다가 앞서 가기도 합니다. 따라서 행성이 뒤로 가는 것처럼 보이기도 했던 것이지요.

나는 행성의 이런 운동을 겉보기 퇴행 운동이라고 불렀어요. 실제로 뒤로 가는 것이 아니라 뒤로 가는 것처럼 보일 뿐이라는 뜻이었지요.

또한 천동설에서는 연주 시차가 관측되지 않는 것이 지구가 움직이지 않기 때문이라고 했습니다. 하지만 나는 별들이 붙어 있는 천구가 천동설에서 생각했던 것보다 지구에서 훨씬 멀리 있기 때문이라고 생각했어요. 멀리 떨어져 있으면 연주 시차가 작아 관측하기 힘들기 때문이라고요.

또 태양이나 달 그리고 별이 동쪽에서 떠서 서쪽으로 지는 까닭은 이들 천체가 움직여 가는 것이 아니라 지구가 자전하기 때문에 그렇게 보이는 것이라고 생각했어요. 이런 주장은 현대인들의 관점에서 보면 모두 맞는 말이지만 당시 사람들에게는 너무 혁신적이고 과격한 주장이었지요.

지동설에 관해 코페르니쿠스도 틀렸던 2가지 사실

나의 주장 중에는 현대적인 관점에서 볼 때 틀린 것이 2가지 있었어요.

하나는 모든 천체가 원운동을 한다는 고대 그리스의 주장을 그대로 받아들여 행성이 원운동을 할 것이라고 생각한 것이에요. 이것은 나의 최대 실수였지만, 당시로서는 어쩔 수 없었어요. 천체가 원운동을 해야 한다는 것은 거의 2000년 이상 모든 사람들이 받아들이던 기본 원리였으니까요.

그리고 또 한 가지는 행성들이 태양을 중심으로 돌고 있는 것이 아니라 태양 가까이 있는 어떤 점을 중심으로 돌고 있다고 주장한 것입니다. 행성들이 태양을 중심으로 원운동하고 있다고 가정하면 관측 결과와 잘 맞지 않았기 때문이에요.

천동설에서 천체가 지구가 아닌 지구 근처의 어떤 점을 중심으로 돌고 있다고 한 것과 비슷한 생각이었지요. 천동설의 이런 점이 싫어서 새로운 천문 체계를 생각한 나도 관측 결과와 일치시키기 위해서 어쩔 수 없이 그들과 비슷한 생각을 하게 된 것이었지요.

행성이 원운동이 아니라 타원 운동을 하고 있다는 것을 알았다면 이런 실수를 하지 않았겠지만 1500년대에 살았던 나

로서는 1600년대가 되어야 밝혀지는 타원 운동을 짐작도 할 수 없었지요. 이런 실수에도 내 논문은 당시 사람들에게 충격적인 내용이었을 거예요.

그러나 나의 첫 논문은 큰 관심을 받지도 않았고, 별다른 문제를 일으키지도 않았어요. 그 이유는 정식으로 출판되지 않아 소수의 사람들에게만 읽혔기 때문이기도 했고, 이 논문을 썼을 때 내가 아직 과학자로서 이름이 알려지지 않았기 때문이었을 거예요.

이런 결과는 내게 오히려 다행스러웠어요. 내가 지동설을 주장한 작은 논문을 쓴 까닭은 그것을 통해 유명해지고 싶었기 때문이 아니었거든요. 그리고 다른 사람들의 방해를 받지 않고 지동설을 가다듬을 수 있는 시간을 가질 수 있기

도 했고요.

나는 그 후 지동설을 좀 더 발전시켰어요. 관측 자료를 이용하여 행성들의 공전 주기를 결정하였고, 이를 이용하여 행성의 미래 위치와 일식, 월식을 예측하려고 시도했지요. 이 작업은 생각처럼 쉽지 않았어요. 천동설을 이기기 위해서는 정확한 예측이 가능해야 했는데, 거듭된 계산과 수정에도 정확한 예측이 가능하지 않았어요. 그때는 이유를 몰랐지만 그것은 내가 행성이 원운동을 하고 있다고 생각했기 때문이었지요.

하지만 나는 지동설에 확신을 가지고 있었어요. 지구가 그렇게 빨리 달리고 있는데도 우리가 왜 그것을 알 수 없느냐와 같은 설명할 수 없는 부분이 많았지만, 그런 것들은 시간이 지나면 해결될 것으로 생각했어요. 당시에는 뉴턴 역학이 나와 있지 않았기 때문에 이런 문제들을 체계적으로 설명하는 것은 불가능했어요.

하지만 나는 첫 번째 논문을 쓴 후 30년 동안 내용을 꾸준히 보강하여 논문의 길이가 20쪽에서 400쪽으로 늘어날 만큼 많은 자료를 확보했지요.

그러나 나는 이 내용을 다른 사람들에게 알리려고 하지 않았어요. 물론 가까운 사람들에게는 보여 주었지만요. 나는 모든 사람들이 받아들이고 있는 천동설과 반대되는 지동설에 대해 다른 천문학자들이 어떻게 생각할지를 염려했어요. 교회에서 참사회 의원으로 일하고 있던 나는 다른 사람들의 놀림감이 되기 싫었거든요.

더구나 신성 모독이 될지도 모르는 과학적 발상에 대해 교회에서 가만있지 않을 것 같아 염려가 되기도 했고요. 그래서 나는 한때 지동설에 대한 연구를 그만둘까 하는 생각을 하기도 했어요.

다른 사람이 알지 못하는 진리를 혼자만 알고 있다는 것은 커다란 즐거움일 거예요. 하지만 자기가 알고 있는 것을 마음대로 발표할 수 없을 때는 오히려 큰 괴로움이 되기도 하지요. 여러분은 '임금님 귀는 당나귀 귀'라고 소리친 이발사 이

야기를 알고 있을 거예요.

그 이야기는 나의 심정을 아주 잘 보여 주지요. 하지만 나의 지동설에 대한 내용이 들어 있는 《천체의 회전에 관하여》라는 책은 결국 출판되어 세상에 모습을 드러냈어요.

내가 어떻게 《천체의 회전에 관하여》라는 책을 출판하게 되었는지 궁금하지 않나요? 다음 수업을 들으면 궁금증이 모두 풀릴 거예요.

만화로 본문 읽기

지동설에 관한 나의 주장 중에는 현대적인 관점에서 볼 때 틀린 것이 두 가지 있었어요.
그게 뭔가요?

하나는 고대 그리스의 생각을 그대로 받아들여 행성이 원운동을 할 것이라고 판단한 것이죠.
하긴 천체가 원운동을 한다는 것은 거의 2000년 이상 모든 사람들이 받아들인 기본 원리였잖아요.
수성
태양
금성
지구
달
화성
내가 이렇게 돈다고?
토성

그리고 또 한 가지는 행성들이 태양 가까이 있는 어떤 점을 중심으로 돌고 있다고 주장한 것이죠.
태양 중심의 원운동을 하면 행성 운동이 관측 결과와 맞지 않아서이지요?
행성 운동이 관측 결과와 안 맞잖아!
수성
태양
금성
지구
달
화성
목성
토성

1600년대
이런 실수는 1500년대에 살았던 나로서는 짐작도 할 수 없었기 때문이에요.
이게 원운동이야? 타원 운동이야?
조금 안타깝네요.

거듭된 계산과 수정에도 행성이 원운동을 하는 걸로 생각했기 때문에 맞지 않았지요.
아직 타원 운동을 모르셨던 거니까 어쩔 수 없었겠네요.
?

하지만 나는 지동설에 확신을 가지고 있었고 그런 것들은 시간이 지나면 해결될 것으로 생각했어요.
그래서 지금의 성과를 얻으신 거잖아요.

일곱 번째 수업

7

천체의 회전에 관하여

《천체의 회전에 관하여》라는 책이 발간되어
오랫동안 묻혀 있던 지동설이 새로운 전기를 맞이하게 됩니다.
코페르니쿠스의 지동설에 대해 구체적으로 알아봅시다.

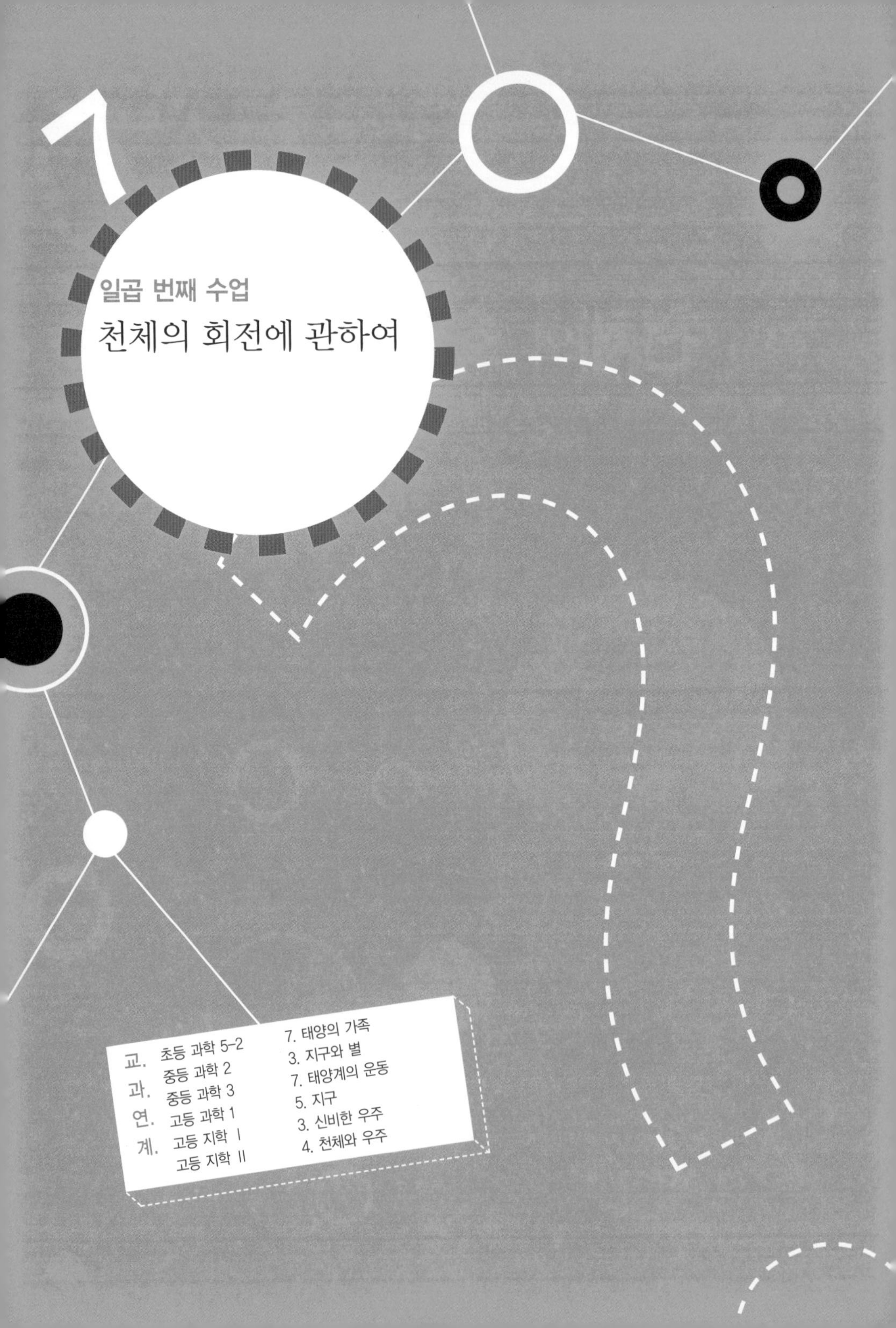
7
일곱 번째 수업
천체의 회전에 관하여
교. 초등 과학 5-2 7. 태양의 가족
과. 중등 과학 2 3. 지구와 별
연. 중등 과학 3 7. 태양계의 운동
계. 고등 과학 1 5. 지구
고등 지학 Ⅰ 3. 신비한 우주
고등 지학 Ⅱ 4. 천체와 우주

코페르니쿠스는 한 청년을 소개하며 일곱 번째 수업을 시작했다.

새로운 전기를 맞이한 코페르니쿠스의 지동설

여러 가지 사정으로 완성되지 못한 채 끝날 수도 있었던 나의 연구가 새로운 전기를 맞은 것은 뜻밖의 손님이 찾아왔기 때문이었어요. 독일의 비텐베르크에서 온 레티쿠스(Rheticus, 1514~1576)라는 청년이었지요. 후세 사람들은 그를 나의 제자라고 하지만 손님이라고 하는 편이 더 정확할 거예요. 내가 학교에서 학생들을 가르친 것도 아니고 천문학을 가르치기 위해 학생으로 받아들인 것도 아니었거든요. 하지만 레티

쿠스는 나에게 제자와 같아요. 나의 지동설을 세상에 알리는 일을 했으니까요.

레티쿠스는 나와 달리 개신교인 루터파 신자였어요. 당시 유럽에는 가톨릭과 개신교가 대립하고 있었어요. 따라서 개신교 신자였던 레티쿠스가 가톨릭 도시였던 프라우엔부르크로 나를 찾아오는 것은 쉬운 일이 아니었을 거예요. 하지만 레티쿠스는 내가 지동설을 주장하고 있다는 소문을 전해 듣고 지동설에 대해 자세히 알기 위해 나를 찾아왔어요.

당시 독일의 루터파 개신교에서는 지동설을 바보 같은 생각이라며 놀렸다고 해요. 하지만 레티쿠스는 천문학에 대한 진리는 《성경》이 아니라 천문학에 있다고 믿은 청년이었어

요. 따라서 새로운 천문학을 연구하고 있다는 나를 찾아온 것이었지요.

레티쿠스가 찾아왔을 때 나는 66세나 되어 새로운 연구를 할 의욕도 많이 사라졌고 이미 했던 연구 결과마저도 발표할까 말까 망설이던 차였습니다. 따라서 의욕적이고 혈기 왕성한 레티쿠스가 찾아와서 지동설을 공부하겠다고 했을 때 처음에는 놀랐지만 사실 무척 즐거웠답니다. 나의 연구를 진정으로 알아주는 사람이 나타난 것 같았거든요.

레티쿠스는 프라우엔부르크에서 나의 원고를 읽거나 지동설에 대해 토론하면서 2년을 보냈고, 거의 나만큼 지동설에 대해 이해할 수 있게 되었지요. 그는 나와 마찬가지로 지구도 다른 행성과 마찬가지로 태양 주위를 돌고 있다는 것을 굳게 믿었어요.

어느 날 레티쿠스는 나의 원고를 출판하도록 허락해 달라고 졸랐어요. 나도 내 일생의 연구가 담겨 있는 책을 왜 출판하고 싶지 않았겠어요. 하지만 앞서 이야기한 여러 가지 염려 때문에 출판을 망설였어요. 그런 나에게 레티쿠스는 가톨릭 국가가 아닌 독일에서 출판하겠다고 했고, 1541년에 결국 그의 제안을 허락했어요.

그때 내가 책을 출판하는 걸 끝내 허락하지 않았더라면 나

의 지동설은 영원히 역사 속에 묻혀 버렸을 테고, 여러분이 내 이름을 알고 있을 리도 없겠지요. 먼 곳에서 나를 찾아와 지동설을 배우고 그것을 책으로 내겠다며 졸라 댄 레티쿠스는 내게 참으로 고마운 사람이지요.

레티쿠스는 나의 원고를 독일 뉴른베르크에 있는 페테리우스 인쇄소로 가져갔어요. 그는 그곳에 머물면서 인쇄 과정을 지켜보다가 급한 일이 생겨 라이프치히로 가게 되었고, 책 만드는 일은 독일의 신학자인 오시안더(Andreas Osiander, 1478~1552)라는 신부가 맡게 되었지요.

죽기 전에 출간된 《천체의 회전에 관하여》

드디어 1543년 봄, 내가 일생을 연구한 내용이 담겨 있는 《천체의 회전에 관하여》가 출판되었어요.

뉘른베르크에서 책이 만들어지고 있던 2년 동안 나는 병마에 시달리고 있었어요. 1542년 말에는 뇌출혈까지 와서 더욱 고통스러웠지요. 하지만 병마 속에서도 책이 출판되기만을 기다리고 있었어요. 책이 도착했을 때 정신을 차릴 수 없을 정도였지만, 죽기 전 책을 볼 수 있었어요. 그렇게 기다리던

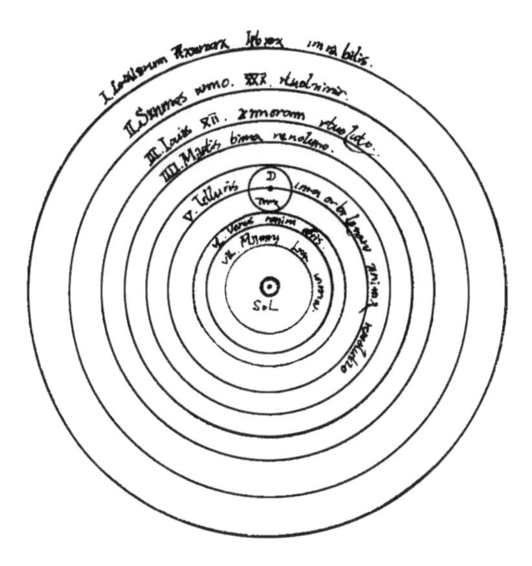

《천체의 회전에 관하여》에 실려 있는 코페르니쿠스 체계

책을 죽기 전에 잠시나마 볼 수 있었던 것은 나에게 참으로 다행스러운 일이었어요.

그동안 남이 하지 않는 연구를 하느라고 고생을 많이 했고, 다른 사람들이 어떻게 생각할지 몰라 마음도 많이 졸였는데, 고맙게도 그 결과가 죽기 전에 나온 것이지요. 나는 할 일을 다했다는 생각에 편안하게 눈을 감을 수 있었어요.

하지만 출판된 책을 자세히 살펴볼 시간도 없었고, 그럴 힘도 남아 있지 않았어요. 만약 책을 자세히 살펴보고 서문을 수정할 수만 있었다면, 내가 죽은 후에 지동설은 전혀 다른

방향으로 전개되었을지도 몰라요.

《천체의 회전에 관하여》에는 2개의 서문이 실려 있는데, 하나는 내가 쓴 것이 아니었어요. 내가 레티쿠스에게 원고를 내줄 때는 직접 쓴 서문도 같이 주었어요. 그 서문의 사본은 내가 가지고 있었고 지금도 전해지고 있어요.

서문을 고쳐 쓴 사람은 레티쿠스이거나 오시안더일 거예요. 여러 가지 정황으로 미루어 볼 때 레티쿠스보다는 오시안더가 고쳐 썼을 가능성이 더 커요. 후세 역사학자들은 레티쿠스가 출판에 관한 일을 오시안더에게 맡기고 라이프치히로 돌아간 후에 오시안더가 서문을 다시 썼을 거라고 생각하더군요. 그가 평소 서문에 있는 내용과 비슷한 이야기를

주위 사람에게 했었다는 것도 서문을 바꿔 썼을 가능성을 크게 해 주지요.

서문의 내용이 어떻게 바뀌었기에 그럴까요? 새로 쓴 서문의 내용은 나의 생각과 전혀 다른 것이었어요. 이 서문은 나의 연구와 주장을 우스꽝스러운 것으로 만들어 버렸지요.

서문에는 나의 지동설이 사실이거나 사실일 필요는 없다는 내용을 포함하고 있어요. 또한 나의 조심스런 수학적 분석이 단지 하나의 허구에 지나지 않는다고 선언하고 지동설을 하나의 가설이라고 했지요. 나의 지동설이 관측치와 상당 부분이 일치한다는 사실을 밝히기는 했지만, 지동설은 실제 우주를 반영하고 있는 것이 아니라 계산의 편리를 위해 만들어 낸 하나의 가설에 지나지 않는다고 주장하여 지동설의 알맹이를 없애 버렸지요.

잘못 쓰인 서문과 사장된 책

이런 서문 내용은 나의 생각과 전혀 다른 것이었어요. 나는 평소에 지구가 태양을 돌 수 없다고 주장하는 비판자들의 의견은 무시하는 것이 좋겠다는 이야기를 했었어요. 지동설이

사실이라는 것을 굳게 믿었기 때문이지요.

만약 오시안더가 서문을 다시 써 넣은 것이라면 그 이유는 아마 책이 출판된 후 내가 박해받을 것을 염려했기 때문일 거예요. 지구가 태양 주위를 돈다고 하면 사람들이 내생각에 반대하며 종교적으로 박해할 거라고 생각했을 거예요. 그래서 그들의 격렬한 비판을 누그러뜨릴 생각으로 그런 서문을 썼을 거예요. 오시안더가 나의 지동설을 믿지 못해서라기보다는 나를 보호할 생각으로 그런 내용의 서문을 썼다고 이해해야겠지요.

하지만 오시안더가 쓴 서문 때문에 나는 고대 그리스 이래 천문학에서 가장 중요한 진전을 보인 나의 업적이 하나의 가설에 지나지 않는 것으로 잘못 전해지는 것을 보면서 죽어야 했어요.

꼭 서문 때문이었다고 할 수는 없지만 《천체의 회전에 관하여》는 출판된 후 수십 년 동안 일반인이나 교회에 아무런 영향을 주지 못했어요. 초판도 다 팔리지 않았고, 그 후 100년 동안 2번 더 인쇄했을 뿐이에요. 그동안에 프톨레마이오스의 천동설을 소개하는 책은 독일에서만도 수백 번 새로 인쇄되었지요.

일생을 거쳐 연구한 결과가 이렇게 사장되는 것을 보는 마

음이 어땠을까요? 나는 책이 출판되자마자 죽었기 때문에 그런 사실조차 몰랐다는 것이 오히려 다행이었는지 모르겠어요.

나의 책이 세상에 널리 알려지지 못한 데에는 오시안더가 새로 쓴 서문이 한 이유가 되었을 겁니다. 하지만 이외에도 여러 가지 이유가 있어요. 그중 내 실수도 있었지요.

책이 출판된 후에는 책을 홍보하여 널리 알리는 사람이 필요해요. 하지만 저자였던 나는 출판되자마자 죽어서 그럴 수 없었어요. 나 말고 지동설의 내용을 가장 잘 알고 널리 홍보할 수 있는 사람은 레티쿠스였어요. 하지만 책의 출판을 위해 여러 가지로 애를 썼던 레티쿠스는 오히려 책이 나온 후에는 관심을 보이지 않았어요.

레티쿠스가 나의 책에 관심을 보이지 않았던 까닭은 나의 실수 때문이었어요. 책에는 항상 감사의 글이 실리잖아요? 내가 쓴《천체의 회전에 관하여》에도 감사의 글이 실려 있어요. 거기에 나는 교황 바오로 3세, 카푸아 추기경, 울름 성당의 대주교 등 많은 이름을 언급했어요. 내가 가톨릭에서 일했기 때문에 이 사람들의 이름을 언급하고 감사를 표한 것은 당연한 일이었어요.

하지만 정작 이 책이 세상에 나오는 데 산파역을 맡았던 레티쿠스의 이름은 빼 버렸어요. 레티쿠스 같은 개신교 신자의 이름을 언급하는 것을 가톨릭에서 좋아하지 않을지도 모른다는 염려 때문이었지요.

아마 레티쿠스는 이것이 무척 서운했던 듯해요. 따라서 이름이 언급되지 않아 무시당했다는 느낌을 받았던 레티쿠스가 책이 출판된 후에 아무런 관심을 보이지 않았던 것은 당연한 일이었을지도 몰라요. 나의 실수로 이 책의 가장 강력한 지지자를 잃은 셈이지요.

그러나 나의 지동설이 널리 알려지지 않은 가장 중요한 이유는 아리스타르코스가 최초로 제안했던 지동설과 마찬가지로, 프톨레마이오스의 천동설보다 행성의 위치를 정확하게 예측하지 못한 탓이에요. 나의 지동설은 아리스타르코스의 지동설이 가지고 있던 문제들을 거의 그대로 가지고 있었거든요.

지동설이 천동설보다 확실히 나은 점은 단순하다는 것뿐이었어요. 이것이 큰 장점이기는 했지만 정확성이 떨어진다는 가장 치명적인 약점이 있었지요.

게다가 나의 지동설은 당시 사람들에게 너무 생소하고 급진적인 내용이어서 누구도 이를 세심하게 고찰해 보려고 하지 않았어요. 한마디로 나의 지동설은 너무 시대에 앞선 생각이었고 너무 혁명적이었으며, 폭넓은 지지를 받을 수 있을 만큼 정확한 것이 아니었다고 할 수 있어요. 당시 사람들은 지구가 운동하고 있다는 것을 도저히 받아들일 수 없었어요. 지구가 정지해 있다는 증거는 아주 많았고, 그런 증거들은 틀림없어 보였거든요.

사람들은 지구가 우주의 중심에 위치해 있고, 그래서 모든 물건이 땅으로 떨어진다는 고대 그리스의 역학을 받아들이고 있었으니까요. 고대 역학은 정지해 있는 지구에 잘 맞았어요. 따라서 이것으로는 운동하는 지구에서 일어나는 일들을 설명할 방법이 없었던 것이지요. 지구가 그렇게 빠르게 돌고 있다면 우리는 지구에서 떨어지지 않기 위해 지구를 꽉 잡고 있어야 할 것이라고 주장하는 사람도 있었어요. 그런데 우리가 껑충껑충 뛰어도 항상 같은 자리에 떨어지는 것은 지

구가 정지해 있다는 증거라고 했지요.

지구가 빠른 속도로 움직이고 있다고 주장하는 나의 지동설을 받아들이기 위해서는 움직이는 지구에 맞는 새로운 역학이 필요했어요.

천동설을 부정하고 새로운 천문 체계 확립

움직이는 지구에 맞는 역학은 후에 갈릴레이와 뉴턴에 의해 만들어졌어요. 그러니까 내가 만든 지동설은 새로운 역학을 탄생시키는 계기가 되었다고 할 수 있지요.

후에 갈릴레이나 케플러 같은 사람들의 노력으로 지동설이 사실이라는 것이 밝혀지고 지구가 빠른 속도로 돌고 있다는 것을 알게 되자 이러한 지구에서도 편안하게 살 수 있는 이유를 설명할 새로운 역학을 찾기 시작했거든요.

어쨌든 나의 지동설은 당시 사람들의 상식으로는 받아들이기 어려운 것이었어요. 따라서 《천체의 회전에 관하여》는 일부 천문학자들에 의해서만 읽히고 연구되었을 뿐이었어요. 기원전 5세기에 아리스타르코스가 처음으로 제안했던 지동설이 잊혔듯이 나의 지동설도 잊힌 듯했지요.

그러나 내 책이 나온 후 50년 가까이 지났을 때, 지동설에 관심을 가지는 사람들이 나타났지요. 그중에는 교회의 탄압과 박해에도 목숨을 걸고 나의 지동설을 지지하는 사람도 있었어요.

그중 한 사람이 브루노(Giordano Bruno, 1548~1600)였어요. 교회는 나의 지동설을 받아들였던 그를 8개 항목의 이단죄로 재판했어요. 브루노는 나의 지동설을 발전시켜 별들은 자신들의 행성들을 가지고 있고, 다른 행성에는 생명체들이 번성하고 있다는 내용이 들어 있는 《무한한 우주와 세상》이라는 책을 썼는데, 이것이 교회를 분노하게 했어요. 결국 브루노는 사형 선고를 받고 1600년 2월 17일, 로마에서 화형당하고 말았습니다.

그런데 현대 사람들은 브루노의 죽음을 높이 사고 있는 것 같더군요. 로마의 캄포 디 피오리에는 브루노의 동상이 세워져 있고, 사람들은 동상 앞에서 용감한 그의 죽음에 경의를 표하더라고요. 화형을 당한 지 400년 후에 사람들이 그를 찬양하게 될 줄 누가 알았겠어요.

하지만 나의 지동설이 가설이 아니라 실제 우주를 나타낸다는 것을 적극적으로 세상에 알린 사람은 갈릴레이와 케플러였어요.

갈릴레이는 처음으로 망원경을 이용하여 하늘을 관측하고 지동설이 사실이라고 강력히 주장했어요. 그 때문에 두 차례나 종교 재판을 받아야 했지요.

케플러는 행성에 대한 관측 자료를 바탕으로 행성 운동의 법칙을 발견했어요. 이것은 나의 지동설을 가장 확실하게 증명하는 것이었지요.

두 사람의 노력으로 지동설을 받아들이는 사람이 많아지자 교회에서는 나의 책을 금서 목록에 올리고 사람들에게 배포하거나 읽지 못하도록 했지요. 그것이 1616년의 일이었어요. 《천체의 회전에 관하여》가 출판된 지 63년이 지난 후의 일이었지요.

나의 지동설은 1400년 이상 받아들여져 온 천동설을 부정하고 새로운 천문 체계를 확립하려는 것이었지만 많은 우여곡절을 겪어야만 했어요. 하지만 사라지지 않고 살아남아 근대 과학을 탄생시키는 견인차 구실을 하게 되었어요. 나의 지동설을 받아들였던 갈릴레이와 케플러는 지동설을 설명하는 결정적인 증거들을 찾아냈고, 이것은 뉴턴 역학을 탄생시키는 길잡이 구실을 했으니까요.

그러니까 세상을 바꾸어 놓은 근대 과학은 나의 지동설로부터 시작되었다고도 할 수 있어요. 이것은 나의 가장 큰 자랑거리랍니다.

만화로 본문 읽기

당시 루터파 개신교에서는 지동설을 바보 같은 생각이라고 놀렸지만, 레티커스는 나의 이론을 지지해 주었어요.
레티커스는 누군가요?

그는 독일 사람으로 내 책을 독일에서 출판하여 나의 지동설이 세상에 알려지는 계기를 만든 사람이죠.
그때 끝내 출판하지 않았더라면 지동설은 영원히 역사 속에 묻혀 버릴 뻔했네요.
독일에서 출판하겠습니다.

책이 출판되고 있던 2년 동안 나는 병마에 시달렸어요. 하지만 죽기 전에 잠시 내 책을 볼 수 있었지요.
참으로 다행이었네요.

그런데 내 책에 실린 두 개의 서문 중에 하나는 내가 쓴 것이 아니었어요. 새로 쓴 서문의 내용은 내 생각과 전혀 다른 것이었죠.
선생님 생각과 어떻게 달랐나요?
?
서문

간단히 요약하면 지동설이 하나의 가설에 지나지 않는다는 것이었어요. 그래서 이후 수십 년간 세상에 거의 영향을 주지 못했어요.
너무 안타까워요.
천체 회전에 관하여

하지만 지동설은 오랜 시간이 흐른 후 뉴턴 역학을 탄생시키는 계기가 되었다고 할 수 있지요.
시간이 흐르긴 했지만, 선생님의 지동설이 근대 과학을 탄생시키는 견인차 구실을 한 거군요.
뉴턴 역학 탄생
코페르니쿠스의 지동설로부터 출발했지요.

여 덟 번 째 수 업

갈릴레이와 지동설

갈릴레이는 지동설을 포기할 것을 강요받고, 또한 전파하지 못하도록 핍박을 받으면서도 '지구는 돌고 있다'는 진리를 주장했습니다.

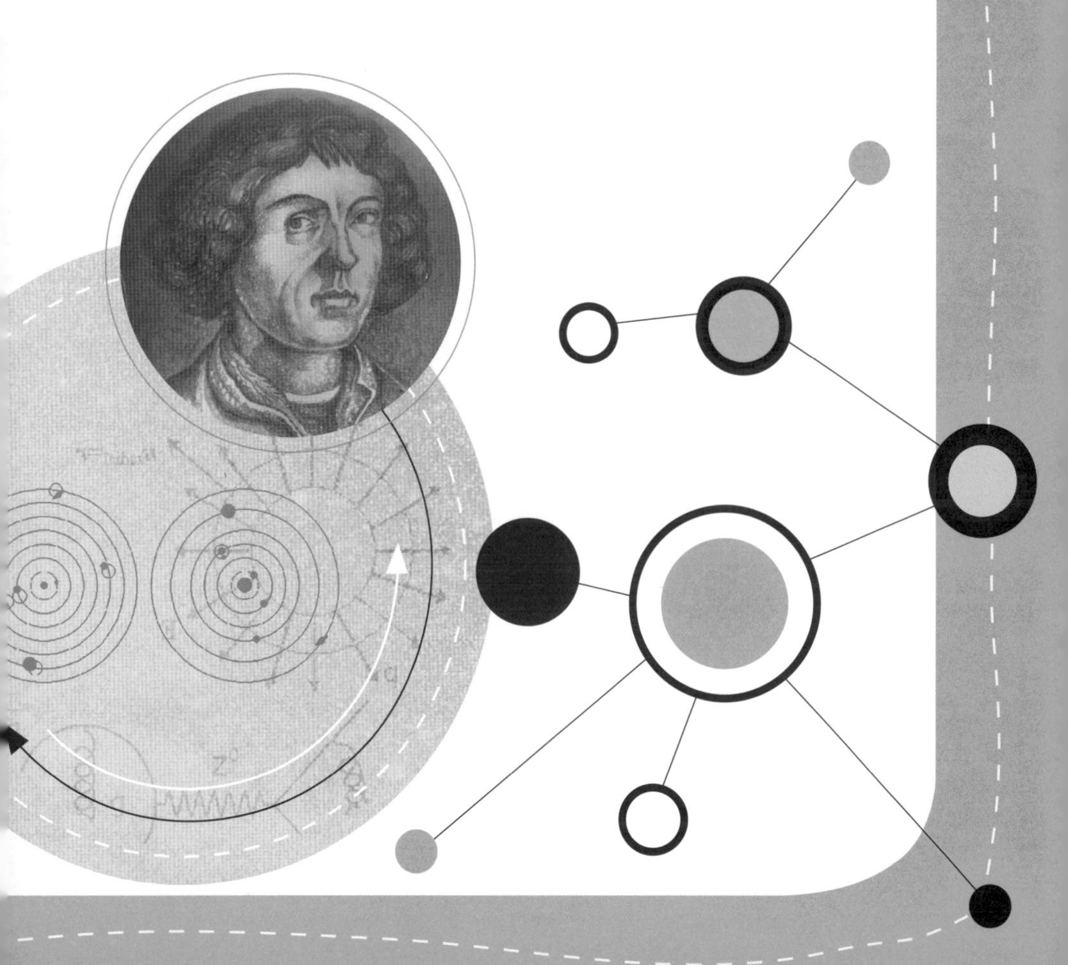

8

여덟 번째 수업

갈릴레이와 지동설

교과 연계		
교.	초등 과학 5-2	7. 태양의 가족
과.	중등 과학 2	3. 지구와 별
연.	중등 과학 3	7. 태양계의 운동
계.	고등 과학 1	5. 지구
	고등 지학 I	3. 신비한 우주
	고등 지학 II	4. 천체와 우주

코페르니쿠스는 자신의 이론을 지지해 준 과학자들을 떠올리며 여덟 번째 수업을 시작했다.

갈릴레이와 케플러에 의해 알려진 지동설

지금까지 내가 주장했던 지동설과 《천체의 회전에 관하여》가 출판되는 과정에 대하여 이야기했어요. 처음에는 사람들의 주목을 받지 못했지만 나의 지동설은 결국 세상에 널리 알려지게 되었고, 현대에 와서는 모르는 사람이 없게 되었어요. 아리스타르코스의 지동설이 영원히 묻혀 버렸던 것과는 전혀 다른 결과였지요.

이렇게 나의 지동설을 널리 세상에 알리는 데 중요한 공헌

을 한 사람은 갈릴레이와 케플러입니다.

갈릴레이는 1564년에 이탈리아에서 태어났어요. 내가 죽고 11년 후에 태어난 사람이라 만날 기회가 없었지요. 하지만 나의 지동설이 옳다는 것을 세상에 알리기 위해 온갖 노력을 다했어요. 폴란드에 살았던 나의 주장을 이탈리아의 갈릴레이가 널리 홍보해 줄 것이라고 누가 상상이나 했겠어요. 그래서 세상일은 누구도 알 수 없다고 하나 봐요.

또 한 사람 케플러는 갈릴레이보다 7년이나 늦은 1571년에 독일에서 태어났어요. 갈릴레이가 지동설이 가설이 아니라 사실이라는 것을 세상에 알리려고 노력했다면, 케플러는 나의 지동설이 가지고 있는 단점을 해결하고 완전한 것으로 만든 사람이에요.

모든 천체가 지구가 아니라 태양을 중심으로 돌고 있다고 주장한 나의 지동설이 천동설보다 더 정확하게 행성들의 위치를 예측할 수 없다는 것은 결정적인 단점이었거든요. 이 단점이 해결되지 않고는 나의 지동설은 결코 천동설을 이길 수 없었을 거예요. 그러니까 케플러는 나의 지동설을 완성한 사람이라고 할 수 있지요.

나는 지동설의 씨를 뿌리고, 갈릴레이는 싹을 틔워 키우고, 케플러는 열매를 맺게 한 사람이라고 할 수 있어요. 그러면

이제부터 갈릴레이와 케플러가 어떤 일을 했는지 조금 더 자세히 알아볼까요? 이 사람들의 이야기를 하지 않고는 지동설 이야기를 다 했다고 할 수 없거든요.

갈릴레이가 관측한 태양과 달의 표면

음악가의 아들로 태어난 갈릴레이는 어려서부터 사물을 관찰하고 원리를 곰곰이 생각해 보는 과학자적 기질이 남달랐다고 합니다.

피사 대학 1학년 때 이미 천장에 매달려 흔들리는 램프의 왕복 운동 주기가 램프의 왕복 거리에 관계없이 일정하다는

주기의 등시성을 발견했다고 해요. 진자가 가지는 주기의 등시성은 후에 괘종시계의 원리가 되었지요.

1584년 피사 대학을 중퇴한 갈릴레이는 피렌체에서 아버지의 친구이자 토스카나 궁정 수학자인 리치(Ostilio Ricci, 1540~1603)에게 수학과 과학을 배웠어요. 그 후 1592년, 피사 대학의 수학 강사가 되었다가 베네치아에 있던 파도바 대학으로 옮겨 유클리드 기하학과 프톨레마이오스의 천문학을 가르쳤어요. 그곳은 내가 의학과 교회법을 공부했던 대학이기도 하지요. 파도바 대학에 있는 동안 갈릴레이는 자신의 인생을 바꿔 놓을 만한 중요한 발명을 하게 되지요. 바로 망원경이었어요.

사실 망원경을 최초로 발명한 사람은 갈릴레이가 아니었어요. 망원경을 최초로 발명한 사람이 누구인지는 정확히 알려져 있지 않지만 네덜란드의 리페르헤이(Hans Lipperhey, 1570~1619)라는 사람이 최초로 발명했다는 설이 가장 유력해요.

멀리 있는 물체를 가까이 볼 수 있게 하는 망원경은 당시에 군사적으로 아주 중요한 장비였기 때문에 네덜란드에서는 망원경 발명을 비밀에 부치고 있었지요. 그래서 망원경 발명에 대한 자세한 이야기는 전해지지 않게 되었어요. 그러나 망원경이 발명되었다는 소문마저 막을 수는 없었지요.

결국 네덜란드에서 멀리 떨어져 있던 갈릴레이에게도 그 소식이 전해졌지요. 그것은 갈릴레이가 파도바 대학에서 학생들을 가르치고 있던 1609년의 일이었어요. 갈릴레이는 망원경에 대한 소문을 듣자마자 스스로 망원경을 만들기 시작했어요.

1609년 8월, 갈릴레이는 배율이 60배나 되는 망원경을 만들었어요. 그때까지 만들어졌던 망원경의 배율이 10배였던 점을 감안하면 갈릴레이의 망원경은 크게 개량된 것이었어요. 갈릴레이는 이렇게 만든 망원경을 성 마가의 종탑에 설치하고 천체를 관측하기 시작했어요. 갈릴레이가 최초로 망원경을 만든 사람은 아니었지만, 망원경으로 천체를 관찰하기 시작한 최초의 사람인 것은 확실해요.

망원경으로 하늘을 관찰하기 시작하자, 갈릴레이 앞에는 전혀 새로운 모습의 우주가 모습을 드러냈어요. 이때 그가 관측한 것에는 지동설이 사실이라는 것을 증명해 주는 내용이 많이 들어 있었어요.

갈릴레이보다 2000년 전에 아리스토텔레스가 완성한 고대 과학에서는 하늘과 땅은 별개의 세계여서 서로 다른 법칙의 지배를 받는다고 생각했어요. 하늘과 땅의 경계는 달이고, 달 위의 세계에는 모든 것이 영원불변해서 변화가 없다고 했

지요. 천체가 변화 없는 원운동을 해야 한다고 생각한 것도 이 때문이었어요.

하지만 갈릴레이가 망원경으로 본 하늘에서는 땅에서와 마찬가지로 여러 가지 변화가 일어나고 있었어요. 그러니까 갈릴레이는 망원경을 통해 고대 과학의 기본 과정이 틀렸다는 점을 알아낸 것이지요.

갈릴레이가 관측한 것 중에는 태양의 흑점도 있었어요. 태양 표면을 망원경으로 관측한 갈릴레이는 태양 표면에 거뭇거뭇한 점들이 있으며, 이들의 크기나 수가 변화한다는 것을 발견했어요. 그것은 달 위의 세계에도 변화가 있다는 강력한 증거였지요.

갈릴레이는 또한 달의 표면에도 산과 골짜기, 바다가 있다

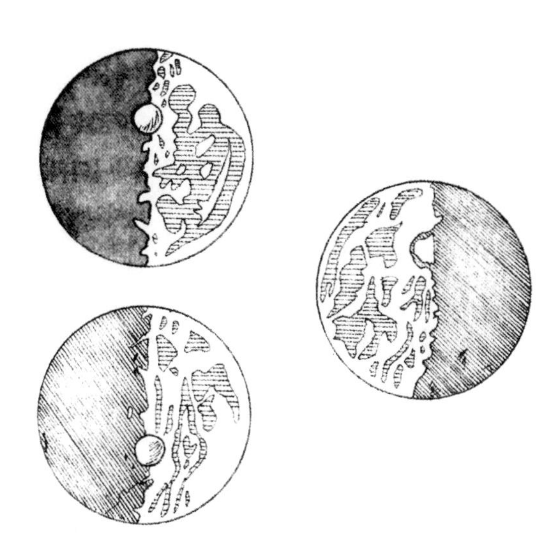

갈릴레이가 관찰하고 그린 그림

는 것을 알아냈어요. 실제로 달에는 바다가 없지만 배율이 낮은 망원경으로 관측했던 갈릴레이는 다른 부분보다 검게 보이는 부분을 바다라고 생각했지요. 그리고 산의 그림자를 이용하여 달 위에 있는 산들의 높이를 측정하기도 했어요. 달에 대한 이런 관측은 달도 지구의 표면과 같다는 것을 보여 주는 것이었지요.

갈릴레이가 관측한 내용 중에서 가장 중요한 것은 목성의 위성이에요. 태양계에서 가장 큰 행성인 목성은 아주 많은 위성을 가지고 있어요. 목성의 위성은 아직도 계속 발견되고 있기 때문에 정확하게 몇 개라고 말하기 어려워요. 또 대부

분의 위성은 크기가 아주 작아서 지구에서는 망원경으로도 잘 보이지 않아요.

하지만 목성의 위성 중 4개의 위성은 달보다 커서 웬만한 망원경으로도 쉽게 관찰할 수 있어요. 이 4개의 위성을 갈릴레이 위성이라고 불러요. 갈릴레이가 최초로 발견했기 때문이지요.

갈릴레이가 발견한 4개의 위성은 이오, 유로파, 가니메데, 칼리스토였는데 이들은 모두 목성 주위를 돌고 있어요. 하긴 목성의 위성이니까 목성을 돌고 있는 것이 당연하겠군요. 그런데 이 사실이 당시 갈릴레이에게는 놀라운 사실이었어요. 그것은 하늘의 모든 천체가 지구 주위를 돌아야 한다는 프톨레마이오스의 천동설을 정면으로 부정하는 내용이었으니까요.

과학자의 비밀노트

갈릴레이 위성

이오 : 태양계에서 가장 특이한 위성으로 활발한 화산 활동이 일어난다.

유로파 : 표면이 두꺼운 얼음으로 덮여 있고, 그 아래에 거대한 바다가 있어 생명체가 존재할 가능성이 높아 주목받는 위성이다.

가니메데 : 태양계 전체에서 가장 큰 위성이다. 달보다 크며 행성인 수성보다도 크다.

칼리스토 : 목성의 위성 중에서 가니메데 다음으로 크며, 갈릴레이 위성 중에서 가장 멀리 떨어진 궤도를 돌고 있다.

갈릴레이는 또한 금성을 관찰하여 금성의 위상 변화를 알아냈어요. 달이 보름달이 되었다가 반달이 되고 초승달이 되는 것을 달의 위상 변화라고 해요. 이런 위상 변화가 일어나는 까닭은 지구와 달의 위치에 따라 태양빛이 비추는 달 표면이 달라 보이기 때문이에요.

금성은 하늘에서 태양과 달 다음으로 밝게 빛나는 천체예요. 하지만 크기가 작아 맨눈으로는 금성에도 달처럼 위상 변화가 있다는 것을 관측할 수 없었어요. 하지만 망원경으로 금성을 관찰한 갈릴레이는 금성의 위상 변화를 볼 수 있었지요. 이것은 금성도 태양빛을 받아 반사한다는 사실을 증명하는 것이었지요.

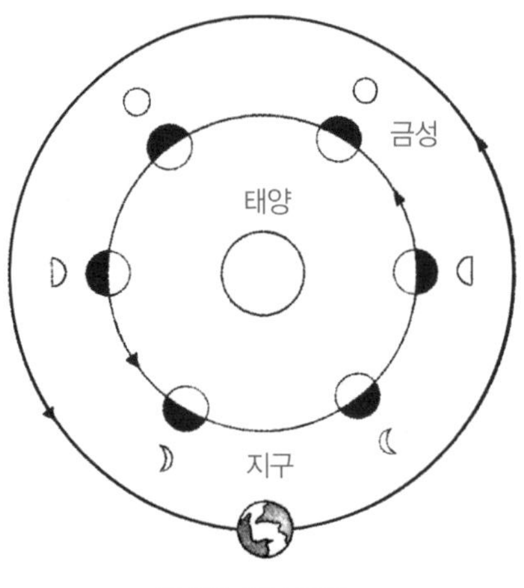

금성의 위상 변화

우여곡절을 겪은 '지구는 돌고 있다'는 진리

이외에도 갈릴레이가 망원경을 이용하여 관찰한 것은 많았어요. 은하수가 수많은 별들로 이루어졌음을 확인하기도 했고, 토성의 테를 발견하기도 했으며, 지구가 반사하는 빛이 달의 어두운 면을 비추어 어두운 면도 흐릿하게 보인다는 사실을 알아내기도 했지요.

갈릴레이는 이런 사실들을 모아 1610년에 《별 세계의 보고》라는 책을 냈어요. 갈릴레이는 이 책에서 지동설이 단순히 현상을 설명하기 위한 가설이 아니라 물리적 사실이라고 주장했어요.

일부 성직자들은 그의 주장이 《성경》의 내용과 맞지 않는다는 의견을 제시했지만, 갈릴레이는 이에 대해 성경은 문자 그대로가 아니라 비유적으로 해석되어야 한다고 주장했지요.

그의 이런 주장은 교회와 대립을 가져왔어요. 내가 염려했던 일이 갈릴레이에게 벌어진 것이지요. 여전히 지구가 우주의 중심이고 따라서 지구에 살고 있는 인간이 하나님에게 가장 중요한 존재라는 믿음에 지동설은 맞지 않는다고 생각한 것이지요.

그래서 1616년에 교회는 갈릴레이에 대한 재판을 시작했어요. 재판 결과 갈릴레이는 더 이상 지동설을 홍보하는 어떤 행동도 할 수 없고, 내가 쓴 《천체의 회전에 관하여》는 사람들이 읽지 못하도록 금서 목록에 오르게 되었지요. 내가 일생을 바쳐 연구한 결과인 《천체의 회전에 관하여》가 빛을 보려는 순간, 교회에 의해 족쇄가 채워지게 된 것이에요.

따라서 갈릴레이는 1616년 재판 이후 한동안 지동설을 공개적으로 지지하지 못했어요. 하지만 지동설에 대한 확신을 버리지 않고 널리 알리 수 있는 기회가 오기만을 기다리고 있었어요.

마침내 그런 기회가 왔어요. 갈릴레이와 친분이 있던 바르

베리니(Maffeo Barberini) 추기경이 새로운 교황으로 선출되어 우르바노 8세가 되었던 것이지요.

우르바노 8세는 갈릴레이와 같이 피렌체에서 태어나 자랐으며 함께 피사 대학에 다닌 사람이었어요. 그래서 갈릴레이는 여섯 번이나 교황을 알현할 수 있었고, 이런 기회를 이용하여 교황에게 천동설과 지동설을 비교하는 책을 쓰는 것이 필요하다는 이야기를 했지요. 교황은 갈릴레이의 그런 생각에 동의하고 축복해 주었고요.

그래서 갈릴레이는 《두 체계에 대한 대화》라는 책을 쓰게 되었고, 역사적으로 유명한 책이 되었어요. 이 책은 1632년 2월에 출판되었어요. 갈릴레이가 교황에게 출판 허가를 받고 거의 10년이 지난 때였지요.

《두 체계에 대한 대화》는 지동설을 옹호하는 살비아티(Salviati), 천동설을 지지하는 심플리치오(Simplicio) 그리고 두 사람의 언쟁을 중재하고 대화를 이끌어 가는 사그레도(Sagredo)가 두 체계에 대해 논쟁하는 형식으로 되어 있었어요.

갈릴레이가 학구적인 내용이 담긴 이 책을 대화체로 쓴 이유는 많은 사람들이 쉽게 읽을 수 있도록 하기 위한 의도였지요. 당시 학술 서적이 대부분 라틴 어로 쓰였던 것과 달리 이 책은 학자가 아닌 일반인들도 쉽게 읽을 수 있는 이탈리아 어로 쓰였는데, 이것 역시 지동설을 널리 홍보하려는 목적이었지요.

이 책은 두 체계를 비교하는 대화 형식이었지만, 사실은 나의 지동설을 지지하는 내용을 담고 있어요. 따라서 또다시 교회의 강력한 제재를 받게 되었지요. 출판을 허락했던 10년 전과는 모든 상황이 달라져 있었기 때문이에요. 유럽의 곳곳에서 가톨릭에 반대하는 개신교도들이 들고일어나 가톨릭은 어려움에 처해 있었어요. 따라서 이단 학설을 미리 강력하게 제재해야 한다고 주장하는 사람들이 많을 때였지요.

가톨릭에서는 1632년 《두 체계에 대한 대화》를 금서 목록에 올리고, 1633년에는 갈릴레이를 이단 심문소로 불러 재판을 시작했어요. 이단 심문소에서는 67세의 노인이었던 갈릴레이에게 지동설을 포기할 것을 강요하고, 심지어는 고문 도구들을 보여 주기도 했어요.

결국 갈릴레이는 이들에게 항복하고 앞으로 절대로 지동설을 전파하는 이단 행위를 하지 않겠다고 서약하고서야 이단 심문소를 나올 수 있었어요. 그가 이단 심문소를 나오면서 했다는 "그래도 지구는 돌고 있다."라는 말은 당시 그의 답답한 심정을 가장 잘 나타내는 말이었을 거예요. 갈릴레이가

정말 그때 그런 말을 했는지는 확실하지 않지만요.

그 후 갈릴레이는 피렌체 교외에 있는 옛집에 연금되어 역학 연구에 열중하였어요. 하지만 더는 천체 관측을 할 수 없었어요. 1637년부터 눈이 보이지 않게 되었기 때문이지요. 아마 망원경으로 태양을 관측하면서 눈에 손상을 입었기 때문일 거예요. 맨눈으로 태양을 관측하는 것, 특히 망원경이나 쌍안경을 이용해서 태양을 보는 것은 절대 안 된다는 것을 꼭 알아두어야 해요. 물론 갈릴레이가 맨눈으로 망원경을 통해 태양을 관측하지는 않았겠지만, 눈을 보호할 수 있는 충분한 장치를 사용하지는 않았을 거예요.

갈릴레이는 집에 갇혀 있는 상태에서 1642년 1월 8일에 세상을 떠났어요. 하지만 지동설을 굳게 믿고 널리 알리기 위한 그의 노력은 큰 성과를 거두게 되었어요. 교회의 반대와 박해에도 많은 사람들은 차츰 지동설을 받아들이게 되었으니까요.

그 후 과학자들은 지동설을 당연한 것으로 생각하고 이를 바탕으로 여러 가지 연구를 계속했어요. 그러면서 천동설은 서서히 자취를 감추게 되었지요. 나의 지동설을 지켜 준 갈릴레이에게 내가 얼마나 고마워하고 있는지는 짐작할 수 있을 거예요.

만화로 본문 읽기

내가 주장한 지동설은 갈릴레이와 케플러 같은 후배들이 없었다면 역사 속으로 사라져 버렸을지도 몰라요.
갈릴레이와 케플러는 어떤 일을 했나요?
케플러
갈릴레이

우선 갈릴레이는 망원경을 만들어 천체를 직접 관측하면서 지동설이 사실임을 알게 되었지요.
망원경으로 어떤 것을 관측하였나요?

그는 목성의 위성을 관측하였어요. 그것은 곧 모든 천체가 지구 주위를 돌아야 한다는 고대 과학에 위배되는 것이었죠.
프톨레마이오스의 천동설이 틀렸다는 증거가 되었겠군요.

하지만 그의 주장은 교회와 대립되어 재판까지 하였는데, 재판 결과 더 이상 지동설을 알리는 어떤 행동도 할 수 없었지요.
안타깝네요.
이제부터 지동설 홍보는 금하오!

재판 이후 갈릴레이는 지동설을 널리 알릴 수 있는 기회가 오기만을 기다리고 있다가 1632년에 《두 체계에 대한 대화》라는 책을 출판한답니다.
마침내 기회가 왔군요.
지동설을 옹호하오.
천동설을 지지하오.

그러나 1633년에 이단 심문소에서 재판을 받고 결국 지동설을 전파하는 이단 행위를 하지 않겠다고 서약을 하게 되지요.
갈릴레이의 답답한 심정을 이해할 것 같네요.
"그래도 지구는 돈다."
이단 심문소

마 지 막 수 업 9

지동설을 완성한 브라헤와 케플러

갈릴레이가 교회의 반대 속에서 지동설을 지켜 낸 사람이라면
행성이 타원 운동을 한다고 밝힌 케플러는
코페르니쿠스의 지동설을 완성한 사람입니다.

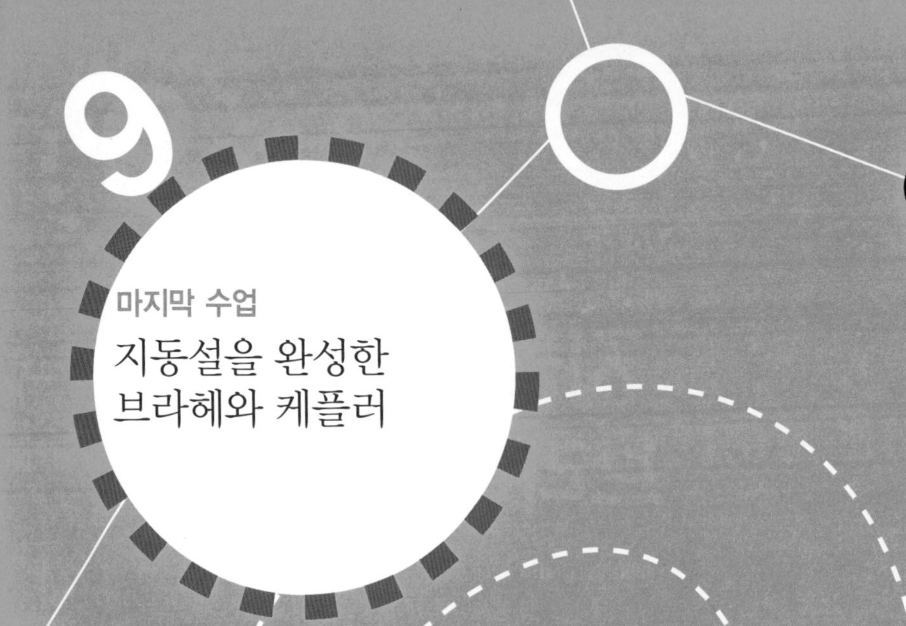

9 마지막 수업

지동설을 완성한 브라헤와 케플러

교과연계

초등 과학 5-2	7. 태양의 가족
중등 과학 2	3. 지구와 별
중등 과학 3	7. 태양계의 운동
고등 과학 1	5. 지구
고등 지학 I	3. 신비한 우주
고등 지학 II	4. 천체와 우주

코페르니쿠스는 지동설을 완성한
케플러를 소개하며
마지막 수업을 시작했다.

지동설을 완성한 케플러

이제 나의 지동설을 확실하게 자리 잡게 해 준 또 한 사람에 대해 이야기할 차례군요. 갈릴레이가 교회의 반대 속에서 지동설을 지켜 낸 사람이라면, 케플러는 나의 지동설을 완성한 사람이라고 할 수 있어요.

케플러는 갈릴레이와 같은 시기에 살았던 사람이에요. 갈릴레이보다 7년 늦은 1571년에 태어난 케플러는 갈릴레이보다 12년 이른 1630년에 죽었어요. 갈릴레이는 계속 이탈리아

에 살았고 케플러는 독일과 체코의 프라하에서 활동했으므로 두 사람이 만날 기회는 없었지만, 두 사람은 서로의 연구 결과를 주고받기도 했었어요.

케플러의 이야기를 하려면 그의 스승이었던 브라헤(Tycho Brahe, 1546~1601)의 이야기를 하지 않을 수 없어요. 그가 없었더라면 케플러는 아무것도 할 수 없었을 테니까요.

1546년에 덴마크의 귀족 가문에서 태어난 브라헤는 당시 천문학자들 사이에 아주 유명한 사람이었어요. 그가 유명해진 이유 중의 하나는 금속으로 만든 모조 코를 붙이고 다녔기 때문이에요. 젊은 시절 그의 사촌과 결투를 할 때 사촌이 그의 코를 베어 버렸거든요. 하지만 금과 은 그리고 동을 합금해 만든 모조 코는 매우 정교하게 만들어져 피부와 잘 어울렸다고 해요.

브라헤가 유명해진 두 번째 이유는 역사상 가장 뛰어난 관측 천문학자였기 때문이에요. 그의 정확한 천체 관측이 명성을 얻자 덴마크의 왕이었던 프레데리크 2세는 덴마크의 해안에서 10km 정도 떨어져 있는 벤 섬을 그에게 주었고, 브라헤는 이 섬에 대규모의 성과 천문 관측소를 지었어요.

벤 섬에 세워진 천문대인 '하늘의 성'이라는 뜻을 가진 우라니보르그(Vraniborg)는 해마다 규모가 커져서 덴마크 총생산의 5%를 사용하는 대규모의 성이 되었다고 해요. 우라니보르그에는 도서관, 제지 공장, 인쇄소, 연금술사의 실험실, 용광로가 있었으며 심지어 법을 어기는 노예를 감금하는 감옥도 있었다고 하니 규모를 짐작할 만하지요? 브라헤는 이곳에서 20년간 천체들의 움직임을 육분의, 사분의와 같은 관측 도구를 이용하여 세밀하게 관측하였어요.

그러나 그의 든든한 후원자였던 프레데리크 2세가 죽자 브라헤는 덴마크 정부와 마찰을 일으키기 시작했어요. 새로 덴마크의 왕이 된 크리스티안 4세는 브라헤의 연구가 낭비라고 생각했어요. 따라서 정부의 재정 지원도 끊어졌지요.

그러자 브라헤는 가족, 연구원들과 함께 천문 관측 기구 및

과학자의 비밀노트

육분의

태양 · 달 · 별의 고도를 측정하여 현재 위치를 구하는 데 사용하는 기기이다. 천체의 고도 외에 산의 고도, 두 점 사이의 수평각을 측정할 때도 사용된다. 육분의란 이름은 원의 6분의 1, 즉 60° 의 호 모양을 하였다고 해서 붙여진 것으로 사분의 · 오분의 · 팔분의도 있다.

그동안 수집한 자료들을 가지고 프라하로 옮겨 가게 되었어요. 그는 대부분의 천문 관측 기구를 이동할 수 있도록 제작했었다고 해요. 언젠가는 정부의 지원이 끊어질 것에 대비한 것이었지요.

다행히 프라하로 옮겨 온 브라헤는 신성 로마 제국의 인정을 받아 황실 수학자가 되었고, 베나트키 성에 천문 관측소를 만들었어요. 이곳에서 자신만의 독특한 천문학 체계를 만들려고 노력했지요.

브라헤는 천동설은 물론 지동설도 받아들이려고 하지 않았어요. 그는 프톨레마이오스의 천동설은 관측치와 맞지 않고, 나의 지동설 체계는 지구를 우주의 중심으로 보는 신앙과 맞지 않았기 때문에 받아들이지 않았다고 알려져 있어요. 그는 2개의 천문 체계를 절충한 새로운 체계를 제안하고 이 체계의 정당성을 증명하려고 노력하였지요.

브라헤가 생각하고 있던 천문 체계는 모든 행성이 태양을 중심으로 공전하고, 태양과 달은 지구를 중심으로 도는 체계였어요.

브라헤가 이 일을 시작할 때 한 사람의 조수를 채용하게 되는데, 바로 루터파 개신교 신자로 교회의 박해를 피해 독일에서 프라하로 온 케플러였어요.

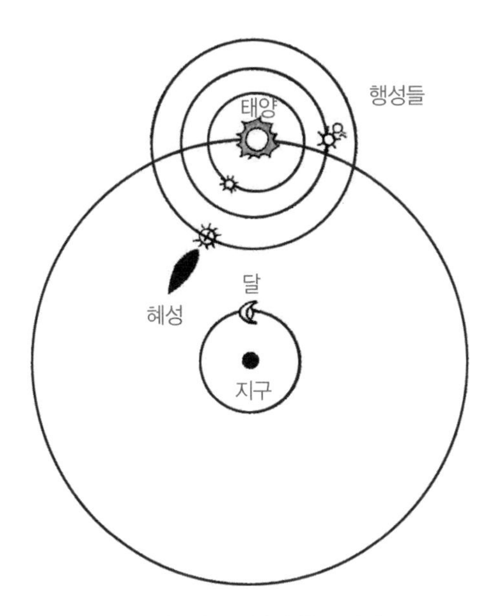

브라헤가 생각했던 천문 체계

브라헤와 케플러의 만남은 역사적인 사건이라고 하지 않을 수 없어요. 특히 지동설을 만든 나에게는 이들의 만남이 더욱 중요한 의미를 갖지요. 왜냐하면 지동설이 드디어 마지막 결점을 털어 버리고 완전한 이론이 될 수 있었으니까요.

가난한 군인의 아들로 태어난 케플러는 우주가 기하학적으로 구성되어 있다고 믿는 플라톤주의자였고 열렬한 루터파 신교도였어요. 우주가 기하학적으로 조화를 이루고 있다는 플라톤의 생각을 신앙과 연결시키려고 노력했지요.

케플러는 1596년에 《우주의 신비》라는 책을 썼는데, 이 책

에는 그가 가지고 있던 신비주의적 생각들이 잘 나타나 있어요. 이 책에서 태양계의 행성이 6개인 것을 5개의 정다면체와 연결짓기도 했어요.

5개의 정다면체에 내접하는 원과 가장 바깥쪽에 있는 다면체의 외접하는 원을 합하면 6개가 되는데, 이 원들이 6개 행성의 운동 궤도와 관계있을 것이라고 생각한 것이지요. 그런가 하면 행성의 밀도는 태양에서 그 행성까지의 거리에 비례할 것이라고 주장하기도 했지요.

끊임없이 행성들 사이의 규칙을 찾고 있던 케플러에게 브라헤의 자료는 보물과 같은 것이었어요. 그는 브라헤의 뛰어난 관측 능력을 잘 알고 있었기 때문에 이 자료의 가치를 누구보다 잘 이해하고 있었지요. 따라서 자료를 분석하면 태양계의 비밀을 풀 수 있을 것이라고 생각했어요.

하지만 브라헤의 조수로 일하게 된 후에도 케플러는 브라헤의 자료를 마음대로 볼 수 없었다고 합니다. 브라헤가 케플러를 완전한 동료로 인정하지 않았기 때문에 작업에 필요한 자료 외에는 보여 주지 않았다고 해요. 케플러는 이것을 불만스럽게 생각했었지요. 그래서 브라헤의 자료를 모두 볼 수 있으면 8일 만에 화성의 궤도를 결정할 수 있을 것이라는 장담을 하기도 했어요.

케플러의 이런 바람은 생각보다 쉽게 이루어졌어요. 두 사람이 같이 일하게 된 지 몇 달이 안 돼 로젠버그 남작이 초대한 저녁 식사에서 술을 너무 많이 마신 브라헤는 높은 열로 괴로워하다 그날 밤 숨을 거두었어요. 그는 죽어 가면서도 "내가 헛된 인생을 산 것이 아니어야 하는데……."라는 말을 계속했다고 합니다.

만약 브라헤가 죽기 전에 케플러를 만나지 못했다면 그의 인생은 지금처럼 보람 있는 것이 되지 못했을 거예요. 하지만 그의 죽음을 계기로 자료를 보게 된 케플러가 브라헤의 인생을 빛나게 해 주었지요.

브라헤가 죽은 후 그의 관측 자료의 가치를 누구보다 잘 알고 있던 케플러는 상속인들이 손을 쓰기 전에 자료를 모두 챙

겨 놓았다고 합니다. 그래서 어떤 학자는 케플러가 브라헤의 자료를 훔쳤다는 주장을 하기도 했지요.

하지만 브라헤의 자료는 그것을 꼭 필요로 하는 사람에게 갔던 것이고, 또 그렇게 됨으로써 생명력을 얻게 되었어요. 따라서 브라헤의 인생도 헛된 것이 되지 않았고요.

케플러는 모든 행성이 태양 주위를 돌고 있고 태양과 달은 지구를 돈다는 브라헤의 천문 체계를 처음부터 신뢰하지 않았어요. 그래서 브라헤의 자료를 넘겨받은 케플러는 지동설을 기초로 하여 화성의 궤도를 결정하는 작업을 시작했어요. 그가 자료만 있으면 8일 만에 할 수 있을 것이라고 장담했던 일이었지요.

하지만 그 일은 생각처럼 쉽지 않았어요. 처음에 그는 화성이 태양 주위로 원운동을 하고 있다고 가정한 후 화성의 궤도를 결정하는 작업을 시작했어요. 그러나 몇 년 동안의 치밀한 분석에도 화성의 궤도를 결정할 수 없었어요.

행성이 타원 운동을 한다고 밝힌 케플러

그러자 케플러는 화성이 일정한 속도로 원운동을 하는 것이 아니라 속도가 느려졌다 빨라졌다 하는 원운동을 한다고 가정하고 새롭게 분석하기 시작했어요. 하지만 그것도 생각처럼 잘되지 않았어요. 8일이면 충분하다고 했던 일이 몇 년이 지나도 아무런 결론도 얻을 수 없었지요.

오랫동안 브라헤의 자료와 씨름하던 케플러는 일생일대의 모험적인 생각을 하게 되었어요. 그것은 인류의 생각을 완전히 바꾸어 놓은 대단한 사건이었지요.

케플러는 화성이 태양을 중심으로 속도가 일정한 원운동을 하고 있는 것이 아니라, 태양과의 거리에 따라 속도가 크게 달라지는 타원 운동을 하고 있다는 생각을 해냈어요.

그것은 천체가 일정한 속도로 원운동을 해야 한다고 굳게 믿던 오래된 관습에서 인류를 구해 낸 사건이었어요. 원운동에 대한 신앙은 나도 갈릴레이도 벗어나지 못했던 생각이었지요. 케플러가 그런 생각을 할 수 있었던 것은 행성의 운동을 분석할 때 근거 없는 믿음보다는 자료를 더 중요하게 생각했기 때문이었어요. 브라헤의 관측 자료에 대한 믿음이 없었다면 해낼 수 없는 일이었지요.

일단 화성의 궤도를 타원이라고 가정하자 작업은 빠른 속도로 진행되었어요. 화성의 궤도가 결정되었고 화성의 위치를 천동설보다 훨씬 정확하게 예측할 수 있게 되었어요.

케플러는 이런 내용을 모아 1609년에 《신천문학》이라는 책을 냈어요. 케플러가 브라헤의 자료를 넘겨받은 후 8년이 지난 때였지요. 8일 걸릴 것이라던 작업이 8년이나 걸린 것이지요.

《신천문학》에는 행성 운동에 관한 제1법칙과 제2법칙이 들어 있어요. 제1법칙은 행성이 태양을 초점으로 하는 타원 운동을 한다는 것이고, 제2법칙은 행성이 태양에 가까워지면 빨라지고 멀어지면 느려져 일정한 시간에 행성과 태양을 잇는 직선이 그리는 면적은 같다는 법칙이지요. 이 두 법칙으로 태양계는 제 모습을 드러내게 되었고, 나의 지동설이 가지고 있던 모든 문제는 해결되었어요.

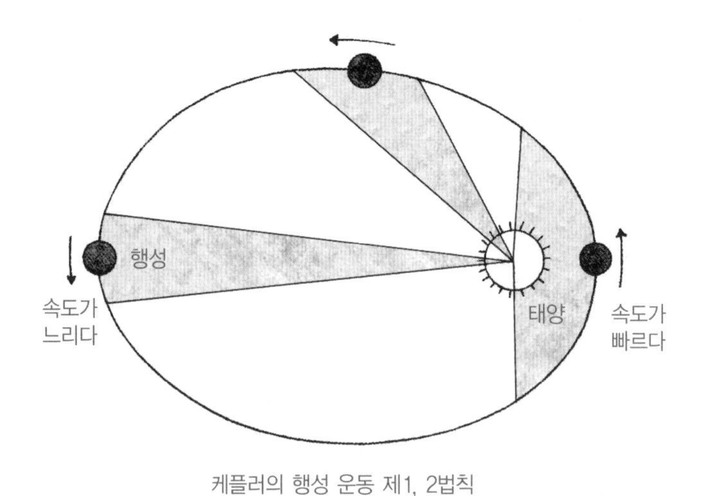

케플러의 행성 운동 제1, 2법칙

케플러의 이런 성공에도 사람들은 지동설을 쉽게 믿으려 하지 않았어요. 지구와 다른 행성이 태양에서 도망가지 않도록 붙들어 주는 힘이 무엇인지 설명할 수 없었기 때문이지요.

모든 물체는 지구를 향해 떨어지고 있었으므로 지구를 향해 어떤 힘이 작용하는 것은 인정할 수 있었지만, 태양을 향해 어떤 힘이 작용한다고는 믿을 수 없었거든요. 만약 태양을 향해 어떤 힘이 작용한다면 물체들이 지구로 떨어지는 대신 태양을 향해 날아가야 한다고 생각했어요.

그래서 케플러의 계산과 정확한 예측을 놀라워한 사람들도 케플러의 행성 운동 법칙은 정확한 계산을 위한 하나의 가설이라고 생각했어요. 케플러의 연구 결과를 전해 들은 갈릴레이마저도 행성이 타원 운동을 한다는 케플러의 주장을 무시해 버렸으니까요.

케플러는 자신의 결과를 사람들이 인정해 주지 않아 크게 실망했지만 행성에 대한 연구를 계속했어요. 이때에도 행성의 운동은 기하학적이라는 플라톤의 생각과 모든 자연 현상 뒤에는 수의 조화가 숨어 있다는 피타고라스적 생각을 버리지 못한 케플러는 엉뚱한 이론을 내놓기도 했어요.

예를 들면 모든 행성은 태양 주위를 돌면서 고유한 음정의

소리를 낸다는 주장이었지요. 우리가 그것을 들을 수 없는 이유는 항상 그 소리 속에 있어서 익숙해 있기 때문이라고 했어요.

행성 운동에 관한 두 법칙이 발표되고 10년이 지나 행성 운동에 관한 제3법칙이 발표되었어요. 《우주의 조화》라는 책을 통해 발표된 세 번째 법칙은 행성의 공전 주기의 제곱이 궤도 반지름의 세제곱에 비례한다는 것이었지요.

케플러는 3가지 법칙 중에서 제3법칙을 가장 좋아했다고 전해집니다. 케플러는 이 법칙이 모든 행성에 적용되는 통일성을 주었다고 해서 조화의 법칙이라고 불렀어요. 이렇게 해서 케플러의 행성 운동 법칙은 모두 완성되었고 따라서 나의 지동설도 완성되었어요. 천문학 혁명이 완성된 것이지요.

나의 지동설을 완성한 케플러의 행성 운동 법칙을 요약하면 다음과 같아요.

케플러의 행성 운동에 관한 3가지 법칙

- 행성은 태양을 한 초점으로 하는 타원 운동을 한다.
- 행성과 태양을 잇는 직선이 그리는 면적과 속도는 일정하다.
- 행성 운동 주기의 제곱은 궤도 반지름의 세제곱에 비례한다.

케플러의 행성 운동 법칙이 발표되고 갈릴레이가 망원경으로 하늘을 관측한 후 많은 사람들이 더 나은 망원경을 이용하여 천체의 운동을 관찰하면서 지동설을 받아들이기 시작했어요.

그러나 아직 지동설의 모든 문제가 해결된 것은 아니었어요. 그것은 다음과 같은 역학의 문제였지요.

- 어떻게 행성이 태양에서 도망가지 않고 계속 돌 수 있는가?
- 태양이 우주의 중심이라면 왜 모든 물체는 태양을 향해 날아가지 않고 지구로 떨어지는가?
- 어떻게 빠른 속도로 달리는 지구에서 속도를 느끼지 못하고 편안하게 살아갈 수 있는가?

모든 관측 결과와 수학적 분석이 태양이 아니라 지구가 움직이고 있다는 지동설을 지지한다 해도 이런 근본적인 문제를 해결하지 않고는 사람들에게 지구가 빠른 속도로 움직인다는 것을 설득할 수 없었지요. 하지만 그 일을 해낸 사람이 나타났어요. 인류 역사상 가장 위대한 과학자라고 불리는 뉴턴이었어요.

갈릴레이가 죽던 해인 1642년에 태어난 뉴턴은 이 모든 문

제를 깨끗이 해결할 수 있는 새로운 역학을 발견하였어요. 여기에는 중력 법칙도 포함되어 있지요.

나의 지동설은 내가 죽은 후 태어난 갈릴레이와 케플러에 의해 사실로 확인되었고, 그것이 정당하다는 사실을 역학적으로 설명한 사람은 두 사람이 죽은 후에 태어난 뉴턴이었어요. 그러니까 새로운 천문학을 만들어 내는 일에 3세대라는 시간이 필요했던 것이지요.

지동설과 천동설의 싸움은 참으로 길고 어려운 것이었어요. 하지만 결국에는 지동설이 이겼어요. 진리가 권위와 관습 그리고 맹목적인 신조를 이긴 것이지요. 나는 참 운이 좋은 사람입니다.

현대를 살아가는 많은 사람들이 나를 잘못된 이론을 깨뜨리고 올바른 진리를 찾아낸 사람으로 기억해 주고 있으니까요.

여러분도 신념을 가지고 열심히 공부하고 연구하다 보면 언젠가 다른 사람이 보지 못하는 진리를 볼 수 있을 거예요.

과학자의 비밀노트

지동설의 성립 과정

코페르니쿠스가 가설을 제공한 지동설은 이후 갈릴레이가 과학적 증거를 발견하였고, 케플러가 행성들의 궤도가 타원이라는 것을 발견하여 코페르니쿠스의 이론에 힘을 보탰다. 하지만 케플러는 천체들이 태양으로부터 멀어질수록 왜 가까이 있는 행성보다 천천히 도는지에 대해 알지 못했는데, 이를 단번에 해결한 사람이 바로 뉴턴이었다. 뉴턴은 중력이라는 개념을 통해서, 모든 천체는 태양으로부터 멀어질수록 중력의 영향도 덜 받게 되어 태양과 가까이 있는 행성보다 천천히 돈다는 것을 수학적 공식으로 밝혀냈다.

과학자 소개

천문학 혁명을 시작한 코페르니쿠스 Nicolaus Copernicus, 1473~1543

폴란드 토룬에서 태어난 코페르니쿠스는 일찍 아버지를 여의고 가톨릭 교회 신부였던 외삼촌 밑에서 자랐습니다. 1496년에는 이탈리아에 유학하여 볼로냐 대학에서 그리스 어를 공부한 후 그리스 철학과 천문학을 공부하였습니다. 1500년에 일시 귀국하였다가, 다음 해에 다시 이탈리아로 유학하여 파도바 대학에서 의학과 교회법을 공부하고, 1506년에 폴란드로 돌아왔습니다.

코페르니쿠스는 여러 가지 다른 공부를 하는 동안에도 천문학에 관심을 가지고 천문 관측을 계속했습니다. 1497년 3월에는 황소자리의 α별인 알데바란이 달에 가려졌다가 다시 나타나는 현상을 관측하기도 했습니다.

귀국 후 교회의 주교가 된 외삼촌의 비서가 되어 하는 일을 돕던 코페르니쿠스는 1512년 외삼촌이 죽은 후에는 거의 모든 시간을 천체의 운동을 관측하는 일을 하며 보냈습니다.

코페르니쿠스는 모든 행성이 지구가 아니라 태양 주위를 돌고 있다는 지동설의 내용이 담긴 《천체의 회전에 관하여》라는 책을 1525년에서 1530년 사이에 쓴 것으로 추정됩니다. 그러나 종교적인 문제를 일으킬지 모른다는 염려와 사람들의 웃음거리가 될지도 모른다는 생각 때문에 출판을 주저했습니다. 코페르니쿠스가 이 책을 출판하기로 한 것은 독일의 젊은 수학자 레티쿠스의 권유 덕분이었습니다.

레티쿠스는 1539년에 코페르니쿠스를 방문하여 2년 정도 직접 가르침을 받고, 그의 글을 출판할 것을 간청하여 허락을 받았습니다. 원고가 레티쿠스의 손을 거쳐 세계 최초의 뉘른베르크 활판 인쇄소로 넘어간 것은 1542년이었으며, 이 책이 코페르니쿠스에게 전달된 것은 코페르니쿠스가 임종하는 자리에서였다고 합니다.

과학 연대표

언제, 무슨 일이?

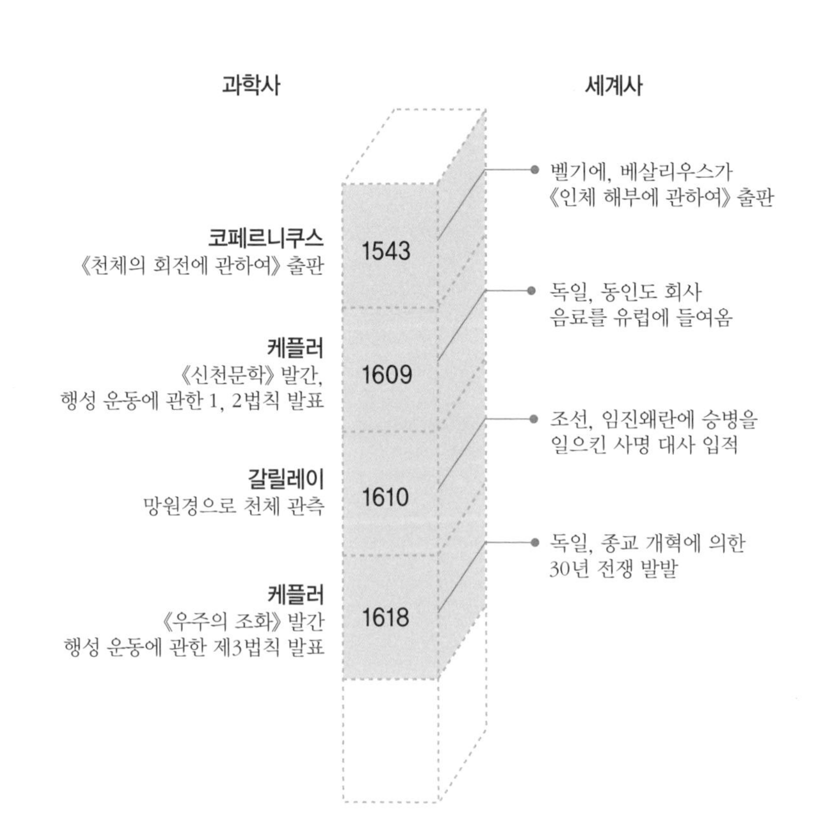

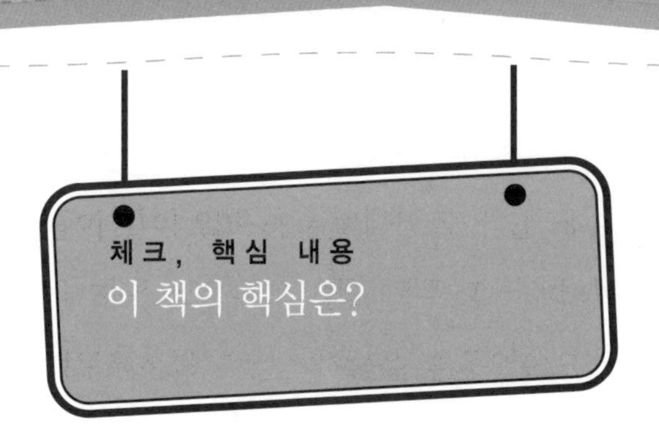

1. 코페르니쿠스는 1543년에, 우주의 중심에 정지해 있는 지구를 중심으로 천체들이 돌고 있다고 주장한 프톨레마이오스의 □□□ 대신 태양을 중심으로 모든 천체들이 돌고 있다고 주장한 □□□이 담겨 있는 《천체의 회전에 관하여》를 출판했습니다.
2. 케플러는 그의 스승이었던 □□□의 천문 관측 자료를 분석하여 행성 운동의 법칙을 발견했습니다.
3. 갈릴레이는 스스로 제작한 망원경으로 하늘을 관측하고 목성의 □□, 태양의 □□, 금성의 □□ □□, 토성의 □ 등을 발견하고 이런 사실을 바탕으로 코페르니쿠스의 지동설이 사실이라고 주장했습니다.
4. □□□□는 프톨레마이오스의 천동설과 코페르니쿠스의 지동설을 비교한 책인 《두 체계의 비교》를 출판하여 지동설을 알리려고 시도했고 이 일로 종교 재판을 받았습니다.

1. 천동설, 지동설 2. 브라헤 3. 위성, 흑점, 위상 변화, 테 4. 갈릴레이

이슈, 현대 과학

우주의 중심은 어디인가?

고대인들은 지구가 우주의 중심에 고정되어 있다고 생각했습니다. 그들은 모든 물체가 땅을 향해 떨어지는 것이 그 증거라고 주장했습니다.

코페르니쿠스 이전에도 태양을 중심으로 지구를 비롯한 행성들이 돌고 있다는 지동설을 주장한 학자들이 있었습니다. 그중에서도 알렉산드리아 시대의 아리스타르코스가 주장했던 지동설은 널리 알려져 있습니다. 그러나 사람들이 지동설을 받아들일 수 없었던 것은 태양이 우주의 중심이라면 모든 물체들이 지구를 향해 떨어지는 대신 태양을 향해 날아가야 한다고 생각했기 때문입니다.

그러나 케플러, 갈릴레이, 뉴턴 등의 노력으로 지동설을 받아들이게 되었습니다. 따라서 이제 우주의 중심은 지구에서 태양으로 옮겨 갔습니다. 그 후 대형 망원경이 제작되어 더 넓은 우주를 관측할 수 있게 되었고 태양 또한 우주의 중심이 아닌 것이 알려졌습니다.

태양이 우주의 중심이 아니라면 은하가 우주의 중심일지도 모른다고 생각하는 사람들이 늘어났습니다. 그러나 1923년 미국의 허블은 안드로메다은하가 우리 은하 밖에 있는 또 다른 은하라는 것을 밝혀냄으로써 우리 은하 역시 우주의 중심일 수 없게 되었습니다.

1929년 미국의 허블은 우주가 팽창하고 있다는 것을 관측을 통해 밝혀냈습니다. 그 후 과학자들은 우주의 팽창 과정을 설명하는 여러 가지 우주론을 제안했지요. 그중에서 빅뱅 우주론이 많은 사람들에게 받아들여졌습니다. 빅뱅 우주론에 의하면 우주는 약 147억 년 전 한 점에서부터 팽창하기 시작하여 오늘날에 이르렀습니다. 그렇다면 우주의 중심은 팽창을 시작한 그 점이어야 할 것입니다.

그러나 과학자들은 그런 점은 존재하지 않는다고 설명하고 있습니다. 모든 것이 팽창하는 우주에서 보면 어느 점에서 보아도 모든 것이 사방으로 퍼져 나가는 것처럼 보인다는 것이지요. 이런 우주에서는 우주의 중심이라고 할 만한 점이 따로 있을 수 없습니다. 따라서 우주에는 더 이상 중심이 존재하지 않게 되었습니다.

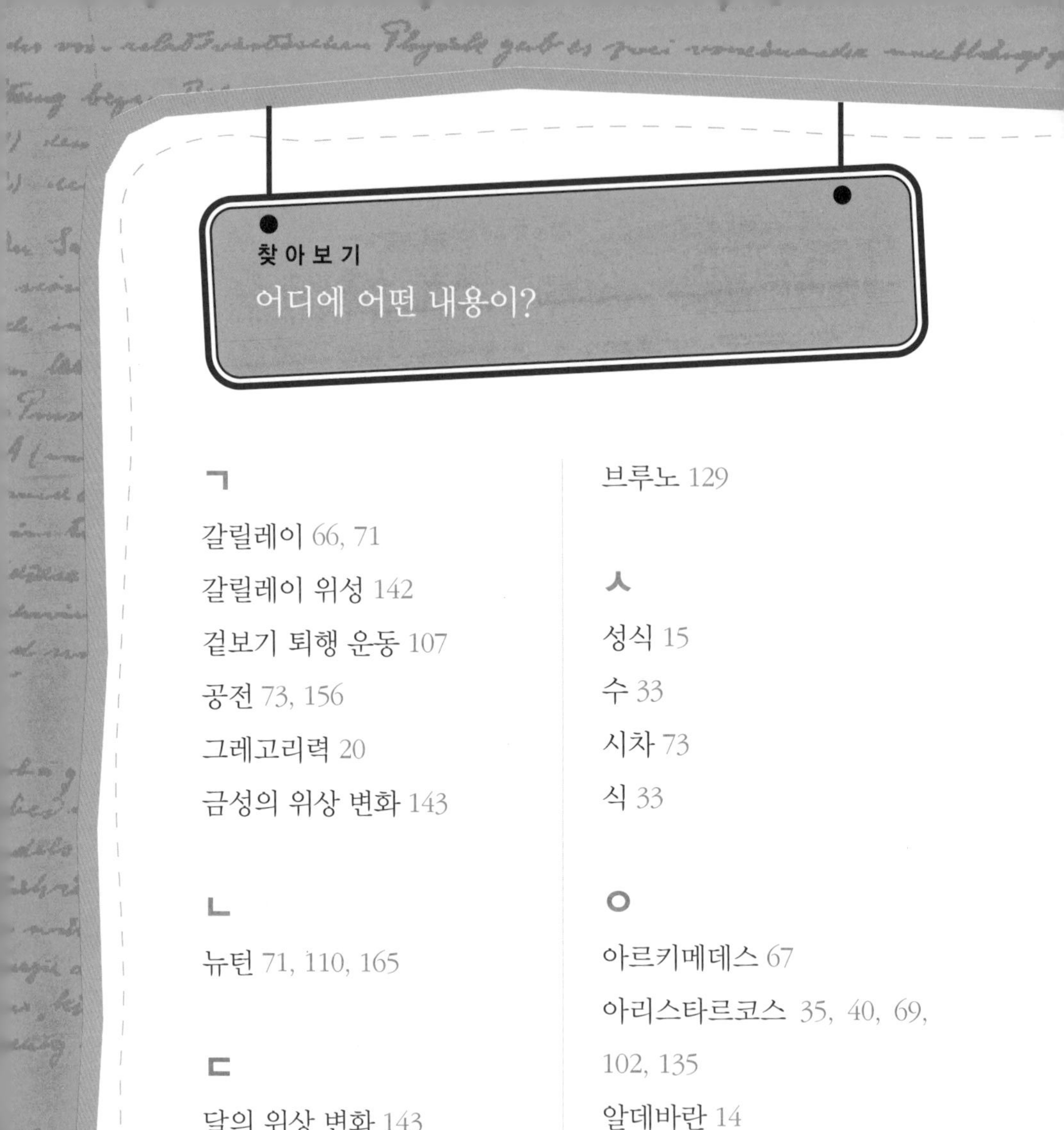

찾아보기

어디에 어떤 내용이?